国家级高技能人才培训基地建设项目成果教材

单片机实训指导

主　编　段剑文　陈岁生
副主编　潘建峰　方　映　沈姝君

中国劳动社会保障出版社

图书在版编目(CIP)数据

单片机实训指导/段剑文,陈岁生主编. —北京:中国劳动社会保障出版社,2014
国家级高技能人才培训基地建设项目成果教材
ISBN 978 - 7 - 5167 - 1255 - 9

Ⅰ.①单… Ⅱ.①段…②陈… Ⅲ.①单片微型计算机-教材 Ⅳ.①TP368.1

中国版本图书馆 CIP 数据核字(2014)第 107446 号

中国劳动社会保障出版社出版发行

(北京市惠新东街 1 号 邮政编码:100029)

*

三河市华骏印务包装有限公司印刷装订 新华书店经销
787 毫米×1092 毫米 16 开本 6.25 印张 133 千字
2014 年 6 月第 1 版 2014 年 6 月第 1 次印刷
定价:15.00 元

读者服务部电话:(010) 64929211/64921644/84643933
发行部电话:(010) 64961894
出版社网址:http://www.class.com.cn

前　言

　　人力资源是第一资源，人才优势是第一优势。技能人才是人才队伍的重要组成部分，是推动经济发展和社会进步的重要力量。在全面建成小康社会、加快推进现代化建设的关键时期，无论是经济转型升级，还是创新社会管理，都更加需要技能人才的支撑。因此，加快培养一支具有良好职业素养、专业知识和技能水平的高素质技能人才队伍，已成为我们肩负的一项历史责任。

　　近年来，在国家一系列促进就业政策的推动下，各地积极畅通就业渠道、强化技能培训，把人口压力转化为人力资源优势，保持了就业形势的基本稳定。但是，伴随产业结构调整、经济转型升级和社会管理创新的进程，就业趋向的变化会进一步显现，就业结构的调整会进一步加快，就业技能更新和提升的要求会进一步突出。要解决这些发展中的矛盾和问题，就必须牢固树立素质就业和终身培训的理念，努力构建面向全体劳动者的职业技能培训制度。这是我们的必由之路，同时也是当今世界各发达国家在人才队伍建设上的一条共同经验。

　　为探索建立具有自身特点的高技能人才培训体系，杭州市公共实训基地按照国家级高技能人才培训基地项目建设的要求，整合社会资源，创新体制机制，着手开展高技能人才培训师资队伍建设和教材体系开发等工作。在杭州职业技术学院的大力支持下，基地组织相关专家编写了先进机械制造、电工电子与自动化、食品与药品分析检测等专业（职业）高级工技能实训指导教材，该系列教材既注重了高级工应掌握的基本理论和"四新"要求，又强化了岗位实际操作技能训练的特点，具有较强的指导性和实用性，是一套适应高技能人才岗位技能培训与鉴定的好教材。希望这套实训教材的出版，能为培养更多技能人才提供有针对性的指导，帮助广大职工和青年学习职业技能、立足岗位成才。同时，也希望以此为契机，进一步促进政府部门、职业院校和行业企业加强协作，强化国家级高技能人才培训基地各项基础工程建设，真正把它建设成高技能人才的"孵化器"，使之成为推广运用新技术和新工艺的"方向标"，努力营造全社会"崇尚一技之长、不唯学历凭能力"的浓厚氛围。

杭州市人力资源和社会保障局副局长

方海洋

2014 年 4 月

目　　录

实训安全须知 …………………………………………………………………… 1
第一章　实训设备简介及使用示例 …………………………………………… 2
　　第一节　实训设备简介 …………………………………………………… 2
　　第二节　硬件仿真过程示例 ……………………………………………… 9
　　第三节　软件模拟过程示例 ……………………………………………… 18
第二章　单片机软件实训 ……………………………………………………… 22
　　项目一　存储器块清零 …………………………………………………… 22
　　项目二　二进制 BCD 码转换 …………………………………………… 24
　　项目三　二进制 ASCII 码转换 ………………………………………… 26
　　项目四　程序跳转表 ……………………………………………………… 27
　　项目五　内存块移动 ……………………………………………………… 29
　　项目六　数据排序 ………………………………………………………… 31
第三章　单片机基础实训 ……………………………………………………… 35
　　项目一　P1 口输入输出实训 …………………………………………… 35
　　项目二　继电器控制实训 ………………………………………………… 38
　　项目三　定时器实训 ……………………………………………………… 41
　　项目四　定时器输出 PWM 实训 ……………………………………… 44
　　项目五　计数器实训 ……………………………………………………… 46
　　项目六　外部中断实训 …………………………………………………… 48
　　项目七　查询式键盘实训 ………………………………………………… 50
　　项目八　74HC138 译码器实训 ………………………………………… 55
　　项目九　串行静态显示实训 ……………………………………………… 57
　　项目十　DAC0832 并行 D/A 转换实训 ……………………………… 61
　　项目十一　ADC0809 并行 A/D 转换实训 …………………………… 65
第四章　单片机接口应用开发实训 …………………………………………… 71
　　项目一　RS232 通信接口 ………………………………………………… 71
　　项目二　RS485 通信接口 ………………………………………………… 74
　　项目三　直流电动机控制实训 …………………………………………… 79
　　项目四　步进电动机控制实训 …………………………………………… 85
　　项目五　电子琴模拟实训 ………………………………………………… 88

实训安全须知

1. 实训之前检查确保所有电源开关均处于"关"的位置。

2. 接线或拆线必须在切断电源的情况下进行，接线时要注意电源极性。

3. 完成接线后，正式投入运行之前，小组的每个成员应严格检查接线是否正确，并请指导教师确认无误后，方能通电。

4. 实训过程中，根据需要接通相应功能区的电源，关断当前实训不用的功能区的电源开关。

5. 当发生触电事故时，应立即切断电源，保持现场，并立即向指导教师和实训室负责人报告；对于违反规程造成不良后果的责任自负，造成严重后果的，要追究相应责任。

6. 使用仪器仪表等设备时，要严格遵守操作规程，当发生仪器设备损坏时，必须及时报告，认真检查原因，从中吸取教训，并按规定赔偿。

7. 未经指导教师同意，不得使用其他小组的仪器设备和元器件。

8. 未经实训室保管人同意，不得将仪器设备、元器件和工具带出实训室。

9. 不得擅自拆装、更换设备部件。实训过程中，若认为设备有故障，应报告指导教师，确认有故障后由指导教师更换。

10. 实训结束后，应按以下次序关闭电源：各功能单元的电源、面板电源、设备电源。将仪器、元器件及导线等整理好，最后清理桌面。

11. 严格遵守实训室的其他有关规定。

第一章 实训设备简介及使用示例

第一节 实训设备简介

一、硬件设备简介

THMEMU-1 型单片机技术实训装置是集单片机模拟、仿真于一体的 51 系列单片机实训装置，该装置主要由功能面板、PC 机、仿真器三大部分组成，如图 1—1 所示。

图 1—1 实训装置的整体图

设备能实现单片机程序的模拟调试和 51 系列单片机的仿真调试。

1. 功能面板简介

功能面板（见图 1—2）由多个功能区组成，结合最小应用系统，每个功能区可实现相应的功能，使学生在实训过程中能根据设备发出的声音或指示知道自己的设计是否正确，并进行下一步的修改或设计。

功能面板的每个功能区都有独立的电源开关，实训时根据需要接通（开关拨向上面）相应功能区的开关，断开（开关拨向下面）不用的功能区的开关。

功能面板能实现的仿真实训项目有：

- 继电器控制。

图 1—2　功能面板整体图

- 音频驱动。
- 定时器。
- 定时器输出 PWM。
- 计数器。
- 看门狗。
- 外部中断。
- EEPROM 外部程序存储器。
- FLASH ROM 外部程序存储器。
- SRAM 外部数据存储器扩展。
- 93C46 串行 EEPROM 数据读写。
- I^2C 总线。
- 8253 定时/计数器。
- 8155 I/O 扩展。
- 8255 I/O 扩展。
- 74LS164 串行输入转并行输出。
- 74LS165 并行输入转串行输出。
- 用 74LS245 读入数据。
- 用 74LS273 输出数据。
- 74HC138 译码器。
- 查询式键盘。
- 7279 阵列式键盘。
- LED 双色点阵显示。
- 串行静态显示。

- 16×16 LED 点阵显示。
- DAC0832 并行 D/A 转换。
- ADC0809 并行 A/D 转换。
- MC14433 并行 A/D 转换。
- LTC1446 串行 D/A 转换。
- TLC549 串行 A/D 转换。
- RS232 通信接口。
- RS485 通信接口。
- 实时时钟（RTC）。
- IC 卡读写。
- 语音芯片控制。
- V/F 转换与 F/V 转换。
- DS18B20 温度传感器。
- 红外线发射与接收。
- 电子琴模拟。
- 汽车转弯信号灯模拟。
- 十字路口交通灯模拟。
- 舞台灯模拟。
- 步进电动机模拟。
- 直流电动机控制。
- 步进电动机控制。

2. 单片机仿真器简介

单片机仿真器（以下简称仿真器）的实物如图 1—3 所示。

图 1—3　仿真器实物图

仿真器左上角有 3 个指示灯，从左到右分别是电源指示灯、发送指示灯、接收指示灯。仿真器右下角有一个按钮，用于仿真器的复位。

仿真器的仿真头如图 1—4 所示。

连接仿真头接头时要注意接头的缺口（图 1—4 白色圈所示）应该向上。

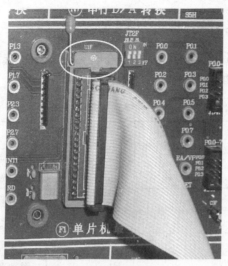

图 1—4　仿真器的仿真头

二、Keil μVision2 仿真软件简介

μVision2 IDE 是德国 Keil 公司开发的基于 Windows 平台的单片机集成开发环境，它包含一个高效的编译器、一个项目管理器和一个 MAKE 工具。其中 Keil C51 是一种专门为单片机设计的高效率 C 语言编译器，符合 ANSI 标准，生成的程序代码运行速度极高，所需要的存储器空间极小，完全可以与汇编语言相媲美。

1. 软件工作界面

μVision2 的界面如图 1—5 所示，μVision2 允许同时打开、浏览多个源文件。

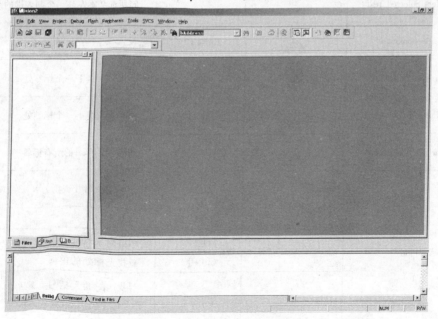

图 1—5　μVision2 界面图

2. 菜单条、工具栏和快捷键的功能介绍

下面的表格列出了 μVision2 菜单项命令、工具栏图标、默认快捷键及其描述。

（1）编辑菜单和编辑器命令"Edit"（见表1—1）。

表1—1 编辑菜单和编辑器命令"Edit"

菜单	工具栏	快捷键	描述
Home			移动光标到本行的开始
End			移动光标到本行的末尾
Ctrl + Home			移动光标到文件的开始
Ctrl + End			移动光标到文件的结束
Ctrl + ←			移动光标到词的左边
Ctrl + →			移动光标到词的右边
Ctrl + A			选择当前文件的所有文本内容
Undo		Ctrl + Z	取消上次操作
Redo		Ctrl + Shift + Z	重复上次操作
Cut		Ctrl + X	剪切所选文本
		Ctrl + Y	剪切当前行的所有文本
Copy		Ctrl + C	复制所选文本
Paste		Ctrl + V	粘贴
Indent Selected Text			将所选文本右移一个制表键的距离
Unindent Selected Text			将所选文本左移一个制表键的距离
Toggle Bookmark		Ctrl + F2	设置/取消当前行的标签
Goto Next Bookmark		F2	移动光标到下一个标签处
Goto Previous Bookmark		Shift + F2	移动光标到上一个标签处
Clear All Bookmarks			清除当前文件的所有标签
Find	command ▼		在当前文件中查找文本
		F3	向前重复查找
		Shift + F3	向后重复查找
		Ctrl + F3	查找光标处的单词
		Ctrl +]	寻找匹配的大括号、圆括号、方括号（用此命令将光标放到大括号、圆括号或方括号的前面）

续表

菜单	工具栏	快捷键	描述
Replace			替换特定的字符
Find in Files...			在多个文件中查找
Goto Matching Brace			选择匹配的一对大括号、圆括号或方括号中的内容

（2）选择文本命令。在 μVision2 中，可以通过按住"Shift"键和相应的键盘上的方向键来选择文本。如"Ctrl"＋"→"可以移动光标到下一个词，"Ctrl"＋"Shift"＋"→"就是选择当前光标位置到下一个词的开始位置间的文本。当然，也可以用鼠标来选择文本。

（3）项目菜单和项目命令"Project"（见表1—2）。

表1—2 项目菜单和项目命令"Project"

菜单	工具栏	快捷键	描述
New Project...			创建新项目
Import μVision1 Project...			转化 μVision1 的项目
Open Project...			打开一个已经存在的项目
Close Project...			关闭当前的项目
Target Environment			定义工具、包含文件和库的路径
Targets，Groups，Files			维护一个项目的对象、文件组和文件
Select Device for Target			选择对象的 CPU
Remove...			从项目中移走一个组成文件
Options...		Alt + F7	设置对象、组成文件的工具选项
File Extensions			选择不同文件类型的扩展名
Build Target		F7	编译修改过的文件并生成应用
Rebuild Target			重新编译所有的文件并生成应用
Translate...		Ctrl + F7	编译当前文件
Stop Build			停止生成应用的过程
1~7			打开最近打开过的项目

（4）调试菜单和调试命令"Debug"（见表1—3）。

表1—3　　　　　　　　　　　调试菜单和调试命令"Debug"

菜单	工具栏	快捷键	描述
Start/Stop Debugging		Ctrl + F5	开始/停止调试模式
Go		F5	运行程序，直到遇到一个中断
Step		F11	单步执行程序，遇到子程序则进入
Step over		F10	单步执行程序，跳过子程序
Step out of		Ctrl + F11	执行到当前函数结束
Current function stop Runing		Esc	停止程序运行
Breakpoints...			打开断点对话框
Insert/Remove Breakpoint			设置/取消当前行的断点
Enable/Disable Breakpoint			使能/禁止当前行的断点
Disable All Breakpoints			禁止所有断点
Kill All Breakpoints			取消所有断点
Show Next Statement			显示下一条指令
Enable/Disable Trace Recording			使能/禁止程序运行轨迹的标识
View Trace Records			显示程序运行过的指令
Memory Map...			打开存储器空间设置对话框
Performance Analyzer...			打开设置性能分析的窗口
Inline Assembly...			对某一行重新汇编，可以修改汇编代码
Function Editor...			编辑调试函数和调试设置文件

（5）外围器件菜单"Peripherals"（见表1—4）。

表1—4　　　　　　　　　　　外围器件菜单"Peripherals"

菜单	工具栏	描述
Reset CPU		复位 CPU
以下为单片机外围器件的设置对话框（对话框的种类及内容依赖于你选择的CPU）		
Interrupt		中断观察
I/O – Ports		I/O 口观察

续表

菜单	工具栏	描述
Serial		串口观察
Timer		定时器观察
A/D Converter		A/D 转换器
D/A Converter		D/A 转换器
I^2C Converter		I^2C 总线控制器
Watchdog		看门狗

（6）工具菜单 Tool（见表 1—5）。利用工具菜单，可以设置并运行 Gimpel PC - Lint、Siemens Easy - Case 和用户程序。通过 "Customize Tools Menu…" 菜单，可以添加需要的程序。

表 1—5 工具菜单 Tool

菜 单	描 述
Setup PC - Lint…	设置 Gimpel Software 的 PC - Lint 程序
Lint	用 PC - Lint 处理当前编辑的文件
Lint all C Source Files	用 PC - Lint 处理项目中所有的 C 源代码文件
Setup Easy - Case…	设置 Siemens 的 Easy - Case 程序
Start/Stop Easy - Case	运行/停止 Siemens 的 Easy - Case 程序
Show File（Line）	用 Easy - Case 处理当前编辑的文件
Customize Tools Menu…	添加用户程序到工具菜单中

第二节　硬件仿真过程示例

一、连接仿真器

对于完好的实训装置来说，仿真器已经连接好了，只有更换仿真器时才需要重新连接，更换仿真器的步骤如下：

1. 连接仿真器的步骤

插好仿真器的串口→旋紧固定螺栓→插上 USB 电源接口→将仿真器的仿真头连接目标硬件［这里是最小应用系统（F1 区）］。

详细描述如下：

（1）用串口线连接仿真器和计算机的串口，并旋紧两端的螺钉（见图 1—6）。

（2）用 USB 线连接仿真器的电源端（图 1—6 所示仿真器的右侧上方）和计算机的 USB 接口。

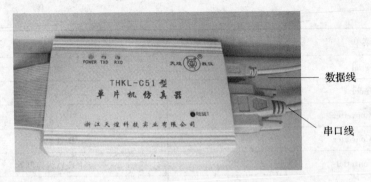

图 1—6　仿真器的连接

（3）将实训设备功能面板的最小应用系统（F1 区）的芯片底座上端的推杆拉起，如图 1—7 所示。

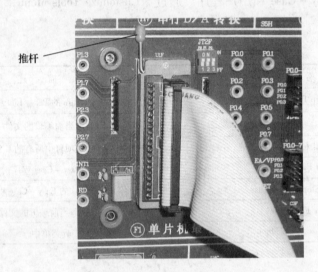

图 1—7　芯片底座的推杆

（4）将仿真器的仿真头（扁线端）连接到实训设备功能面板的最小应用系统（F1 区），连接仿真接头时要注意接头的缺口应该向上。

（5）将最小应用系统（F1 区）芯片底座上端的推杆压下去。

2. 拆下仿真器的步骤

拔下仿真器端的 USB 电源接头→拆下仿真头→拆下仿真器端的串口。

3. 拆装仿真器的注意事项

（1）不要带电插拔串口，防止插拔产生的浪涌电流损坏仿真器。

（2）先断电再拆串口和仿真头。

（3）先连好串口再通电，最后连接仿真头。

总之，在连接串口时仿真器或 PC 机至少有一方的电源是断开的，并且要先通电，再连接仿真头。

二、硬件接线及通电

1. 硬件接线

用扁平数据线连接 F1 区单片机最小应用系统的 P1 口 JD1F 与十六位逻辑电平显示模块 JD2I（如果在后面的仿真步骤完成后发光二极管不亮，有可能是这一排的发光二极管已损坏，试将 JD2I 的接线换到 JD3I），如图 1—8 所示。

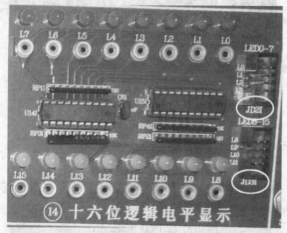

图 1—8　单片机最小应用系统的 P1 口 JD1F

注意：最小应用系统芯片基座的右上方有个拨码盘（红色的小方块），拨码盘上的三个拨动开关都必须拨到上面（ON 位置）。如图 1—9 所示。

2. 给设备通电

接线完成后，请小组内所有成员确认无误后，给整个设备通电，顺序为：

（1）打开设备的电源总开关，该开关在设备的左侧面，如图 1—10 所示。

（2）打开面板的电源总开关。

（3）打开面板的直流电源开关，如果不打开这个开关，面板的各个功能将无法正常使用。

（4）最后打开所用到的各个模块的电源（将拨动开关拨向上面）。

图 1—9　仿真头右上方的拨码盘

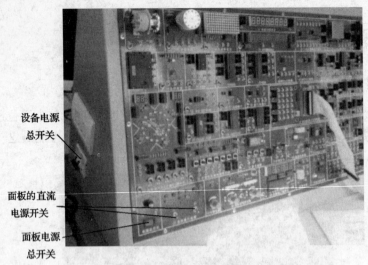

图1—10　设备的电源开关

三、编写程序

μVision2 包括一个项目管理器，它可以使 8x51 应用系统的设计变得简单。要创建一个应用，需要按下列步骤进行操作：

1. 启动 μVision2，新建一个项目文件并从器件库中选择一个器件。
2. 新建一个源文件并把它加入到项目中。
3. 增加并设置选择的器件的启动代码。
4. 针对目标硬件设置工具选项。
5. 编译项目并生成可编程 PROM 的 HEX 文件。

下面逐步进行描述，指引读者创建一个简单的 μVision2 项目。

选择"Project"／"New Project…"选项，如图1—11所示。

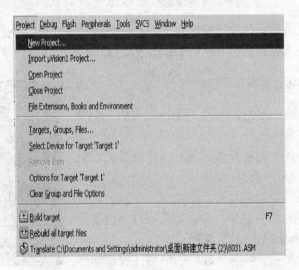

图1—11　Project 菜单

在弹出的"Create New Project"对话框中选择要保存项目文件的路径，如保存到"Exercise"目录里，在"文件名"文本框中输入项目名"example"，如图1—12所示，然后单击"保存"按钮。

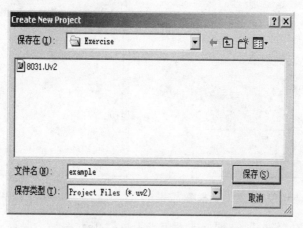

图1—12 Create New Project 对话框

此时会弹出一个对话框，要求选择单片机的型号。读者可以根据使用的单片机型号来选择，Keil C51几乎支持所有的51核单片机，这里只是以常用的AT89C51为例来说明，如图1—13所示。选择89C51之后，右边"Description"栏中即显示单片机的基本说明，然后单击"确定"按钮。

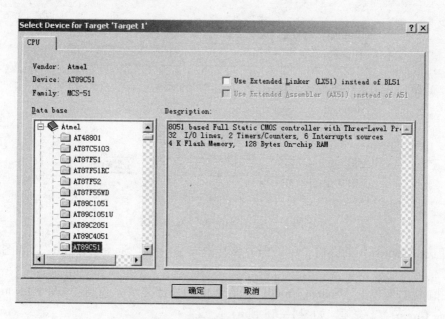

图1—13 选择单片机的型号对话框

这时需要新建一个程序文件，也称源文件。建立一个汇编或C文件（如果已经有参考程序文件，可以忽略这一步）。选择"File"/"New"选项，如图1—14所示。

在弹出的程序文本框中可输入程序，如图1—15所示。

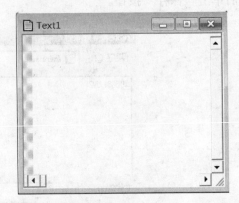

图1—14　新建参考程序文件对话框图　　　　　　图1—15　程序文本框

选择"File"/"Save"选项，或者单击工具栏 按钮，保存文件。

在弹出的如图1—16所示的对话框中选择要保存的路径，在"文件名"文本框中输入文件名。注意还要输入扩展名，如果是C程序，扩展名为".c"；如果是汇编程序，扩展名为".asm"。这里是汇编程序，需要存储为ASM参考程序文件，所以输入".asm"文件名（也可以保存为其他名字，如"new.asm"等），单击"保存"按钮。

图1—16　"Save As"对话框图

单击"Target1"前面的"+"号，展开里面的内容"Source Group1"，如图1—17所示。

用鼠标右键单击"Source Group1"，在弹出的快捷菜单中选择"Add Files to Group 'Source Group1'"选项，如图1—18所示。

选择刚才的文件"example.asm"，文件类型选择"Asm Source file"。如果是C文件，则选择"C Source file"；如果是目标文件，则选择"Object file"；如果是库文件，则选择"Library file"。最后单击"Add"按钮，如果要添加多个文件，可以不断添加。添加完毕后单击"Close"按钮，关闭该窗口，如图1—19所示。

图 1—17　"Target"展开图

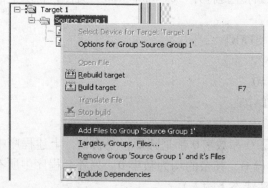

图 1—18　"Add Files to Group'Source Group1'"菜单

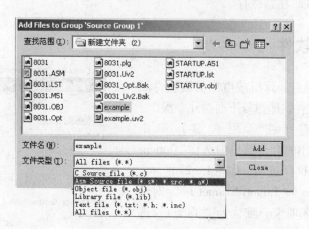

图 1—19　"Add Files to Group'Source Group1'"对话框

这时在"Source Group1"目录里就有"example.asm"文件，如图1—20所示。

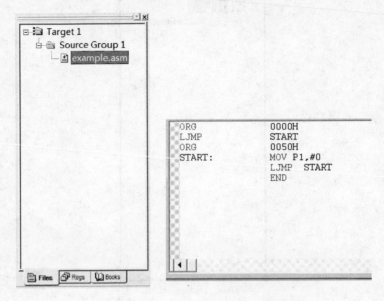

图1—20   "example.asm"文件

在左边窗口双击鼠标左键打开"example.asm"文件，将以下程序抄写进去。

```
ORG    0000H
       LJMP    START
ORG    0050H
START: MOV P1,#0
       LJMP   START
       END
```

注意：程序中字母O和数字0都是圆圈，易看错。上述程序中，ORG的首字符和MOV中间的字符是字母O，其余的均为数字0。另外，程序中所有的标点符号都是半角字符（在英文输入法状态下输入）。

程序编写完成后注意保存。

四、设置软件

注意：每次重启计算机或重启仿真软件后都需要重新设置软件，即重复下面这几个操作。

用鼠标右键（注意用右键）单击"Target 1"，在弹出的会计菜单中选择"Options for Target 'Target 1'"选项，如图1—21所示。

弹出"Options for Target 'Target 1'"对话框，其中有8个选项卡。默认为"Target"选项卡（见图1—22）。

图1—21 Options for Target "Target 1"选项

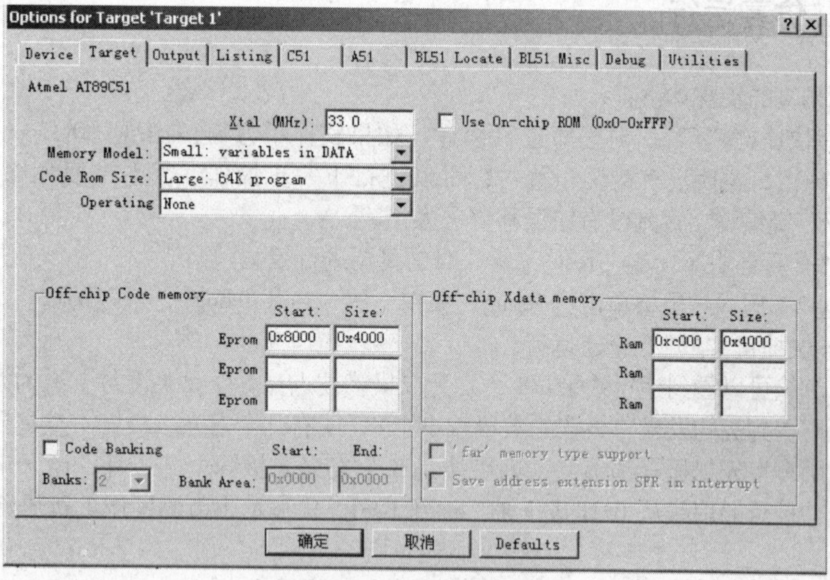

图 1—22　Target 选项卡

单击倒数第二个选项卡标签"Debug"，这里有两类仿真形式可选："Use Simulator"和"Use Keil Monitor – 51 Driver"，前一种是纯软件仿真（不需仿真器和功能面板），后一种是带有 Monitor – 51 目标仿真器的仿真（需要仿真器和功能面板）。本例是硬件仿真，所以选择第二种，如图 1—23 所示。最后单击"确定"按钮。

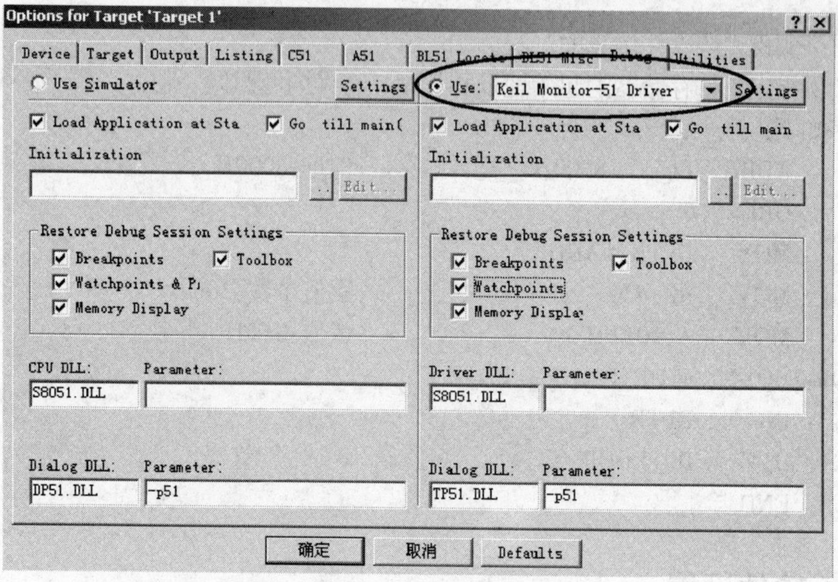

图 1—23　设置 Debug 选项卡

五、仿真运行

开始仿真的步骤如下：

1. 按快捷键"F7"，对程序进行编译，如果软件下方窗口出现"0 Error（s），0 Warning（s）"，说明没有错误和警告，可以进行下一步操作。否则需要先修改程序，再按"F7"键编译，直到没有错误和警告为止。

2. 按仿真器右下角的"reset"键，对仿真器进行复位。

3. 过2 s后，用鼠标单击"debug"菜单下的"start debug"，进入仿真。

4. 按快捷键"F5"，全速运行。

此时应该可以看到运行效果：8个发光二极管被点亮。但如果设备上有的发光二极管损坏，则看到亮的发光二极管的数量就少于8，或有几个发光二极管一直是亮着的。

如果所有发光二极管都不亮，则可能是8个发光二极管全部损坏，断开电源后把连接发光二极管的扁线从JD2I拔下来，接到JD3I。再按本小节的操作重新开始仿真。

六、结束仿真

结束仿真的步骤：

1. 按仿真器右下角的"reset"键。

2. 过2 s后，用鼠标单击"debug"菜单下的"start/stop Debugging"，退出仿真。

第三节　软件模拟过程示例

用一个实例说明软件仿真的过程。

本实例指定外部存储器的起始地址和长度，将其内容赋同一值。

程序如下：

```
        ADDR    EQU    8000H          ;地址:8000H
        ORG     0
        MOV     DPTR,#ADDR
        MOV     R0,#20                ;赋值个数:20
        MOV     A,#0FFH               ;赋值:0FFH
LOOP:   MOVX    @DPTR,A
        INC     DPTR
        DJNZ    R0,LOOP
        END
```

一、软件设置

单击 ▦ 按钮，按照图1—24里面的图示方法，进行端口设置。

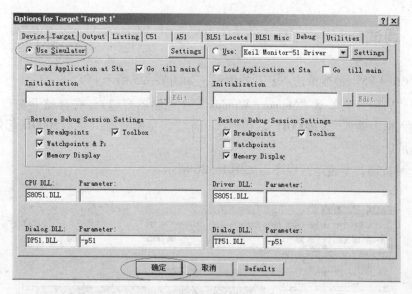

图 1—24 设置 Debug 选项卡

二、编译

参考本章第二节新建项目和程序文件，并将本节所用程序抄写进去，按"F7"键进行编译，软件下方窗口出现无错误无警告，即"0 Error（s），0 Warning（s）"的提示后，可进入下一步开始调试，如图1—25所示。

图 1—25 编译和调试按钮

三、调试

按"Ctrl + F5"键或单击 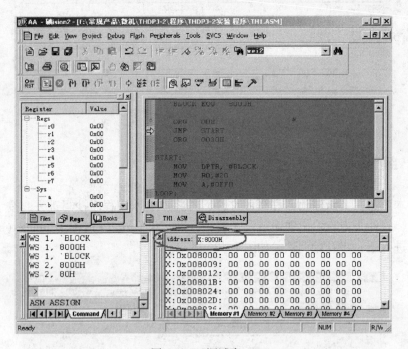 开始调试，如图1—25所示。

打开"View"菜单下"Memory Window"（存储器窗口），在存储器窗口的"Address"输入框中输入"X:8000H"，接着按回车键，存储器窗口显示8000H起始的存储数据，都是0。

单击 按钮，全速运行程序，如图1—26所示。

图1—26 调试窗口

观察存储块数据变化情况，存储器窗口显示8000H起始的20个单元的数据变为"FF"，如图1—27所示。单击 可退出模拟调试。

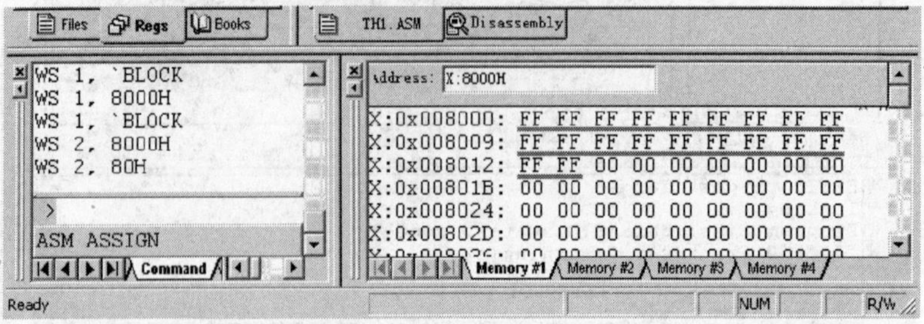

图1—27 调试结果窗口

四、设置断点

如需在某行程序中暂停程序的执行，则可在该行程序处设置断点。方法如下：在需设断点的指令行的空白处双击左键，指令行的前端出现红色方块，程序运行到这一行就会停止。在有断点的行右边的空白处双击左键，就可以取消断点设置，此时红色方块消失，如图1—28所示。

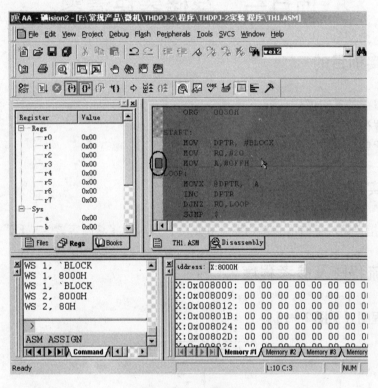

图1—28 调试窗口

第二章　单片机软件实训

项目一　存储器块清零

一、实训目的

1. 掌握存储器的读写方法。
2. 了解存储器块的操作方法。
3. 了解单片机编程、调试方法。

二、实训任务

本实训指定某块存储器的起始地址和长度，要求能将其内容置为"FF"。

三、流程图及参考程序

1. 流程图（见图2—1）

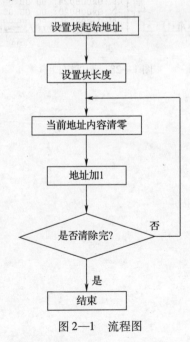

图2—1　流程图

2. 参考程序

```
      ADDR   EQU   8000H
      ORG    0
      MOV    DPTR,#ADDR
      MOV    R0,#0
      MOV    A,#08H
LOOP: MOVX   @DPTR,A
      INC    DPTR
      DJNZ   R0,LOOP
      SJMP   $
      END
```

四、实训步骤

1. 接通实训装置电源，启动 PC 机。

2. 打开 KEIL 软件，新建项目文件，新建程序文件，也称源文件，把源文件加入项目文件中，再全部保存。把软件设置为模拟调试状态。

3. 把上面的参考程序写入源文件，并保存。

4. 按 "F7" 键对参考程序进行编译。

5. 编译无误后，单击 开始仿真。

6. 打开存储器窗口。在存储器窗口的 "Address" 输入框中输入 "X：8000H"，按回车键，存储器窗口显示 8000H 起始的存储数据，都是 0，如图 2—2 所示。

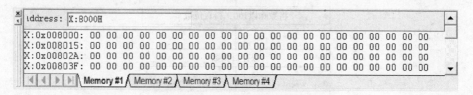

图 2—2　程序运行前的数值

7. 单击 或按 "F5" 键全速执行，1 s 后再单击暂停按钮 ，观察存储块数据变化情况，256 个字节全部变为 FF，如图 2—3 所示。

8. 单击 退出模拟调试。

```
iddress: X:8000H
X:0x008000: FF FF FF FF FF FF FF FF FF FF FF FF FF FF FF FF FF FF FF FF FF
X:0x008015: FF FF FF FF FF FF FF FF FF FF FF FF FF FF FF FF FF FF FF FF FF
X:0x00802A: FF FF FF FF FF FF FF FF FF FF FF FF FF FF FF FF FF FF FF FF FF
X:0x00803F: FF FF FF FF FF FF FF FF FF FF FF FF FF FF FF FF FF FF FF FF FF
```

图 2—3　程序运行后的数值

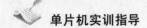

9. 上述模拟调试过程可以重复进行，效果是一样的。

项目二　二进制 BCD 码转换

一、实训目的

1. 掌握简单的数值转换算法。
2. 基本了解数值的各种表达方法。

二、实训任务

单片机中的数值有各种表达方式，掌握各种数制之间的转换是一种基本功。本例为将累加器 A 的值拆为三个 BCD 码，并存入 RESULT 开始的三个单元，本程序中给 A 赋值#123。

三、流程图及参考程序

1. 流程图（见图 2—4）

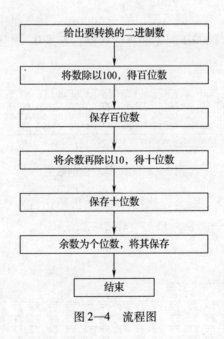

图 2—4　流程图

2. 参考程序

```
;将 A 拆为三个 BCD 码,并存入 RESULT 开始的三个单元
RESULT EQU    30H
       ORG    0
       SJMP   START
BINTOBCD：
       MOV    B,#100
       DIV    AB
       MOV    RESULT,A        ;除以 100,得百位数
       MOV    A,B
       MOV    B,#10
       DIV    AB
       MOV    RESULT+1,A     ;余数除以 10,得十位数
       MOV    RESULT+2,B     ;余数为个位数
       RET
START：
       MOV    SP,#40H
       MOV    A,#123
       CALL   BINTOBCD
       SJMP   $
       END
```

四、实训步骤

1. 接通实训装置电源,启动 PC 机。

2. 打开 KEIL 软件,新建项目文件,新建源文件,把源文件加入项目文件中,再全部保存。把软件设置为模拟调试状态。

3. 把上面参考程序写入源文件,并保存。

4. 按"F7"键对参考程序进行编译。

5. 编译无误后,单击 ⊕ 开始仿真。

6. 打开存储器窗口。打开数据窗口(DATA)(在 MEMORY#1 中输入 D:30H 后按回车键)。

7. 单击 ▤ 或按"F5"键全速执行,再单击暂停按钮 ⊗ ,观察地址 30H、31H、32H 的数据变化,30H 更新为 01,31H 更新为 02,32H 更新为 03。

8. 单击 ⊕ 退出模拟调试。

9. 上述模拟调试过程可以重复进行,效果同上述是一样的。

项目三 二进制 ASCII 码转换

一、实训目的

1. 了解 BCD 值和 ASCII 值的区别。
2. 掌握用查表的方法将 BCD 值转换成 ASCII 值。

二、实训任务

将累加器 A 的值拆为二个 ASCII 码，并存入 Result 开始的两个单元，这里是给 A 赋值#1AH。

三、流程图及参考程序

1. 流程图（见图 2—5）

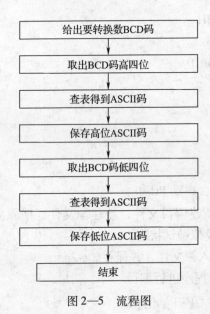

图 2—5　流程图

2. 参考程序

```
RESULT   EQU   30H
         ORG   0
         LJMP  START
ASCIITAB:
         DB    '0123456789ABCDEF'          ;定义数字对应的 ASCII 表
```

```
BINTOHEX:
        MOV     DPTR,#ASCIITAB
        MOV     B,A                     ;暂存 A
        SWAP    A
        ANL     A,#0FH                  ;取高四位
        MOVC    A,@A+DPTR               ;查 ASCII 表
        MOV     RESULT,A
        MOV     A,B                     ;恢复 A
        ANL     A,#0FH                  ;取低四位
        MOVC    A,@A+DPTR               ;查 ASCII 表
        MOV     RESULT+1,A
        RET
START:
        MOV     SP,#40H
        MOV     A,#1AH
        CALL    BINTOHEX
        LJMP    $
        END
```

四、实训步骤

1. 接通实训装置电源，启动 PC 机。

2. 打开 KEIL 软件，新建项目文件，新建源文件，把源文件加入项目文件中，再全部保存。把软件设置为模拟调试状态。

3. 把上面参考程序写入源文件，并保存。

4. 按 F7 键对参考程序进行编译。

5. 编译无误后，单击 🔍 开始仿真。

6. 打开存储器窗口，在 MEMORY#1 中输入 D:30H 后回车。

7. 单击 📊 或按 F5 键全速执行，再单击暂停按钮 ✖ ，观察地址 30H、31H 的数据变化，30H 更新为 31，31H 更新为 41。单击 🔍 退出模拟调试。

8. 上述模拟调试过程可以重复进行，效果是一样的。

项目四　程序跳转表

一、实训目的

1. 了解程序的多分支结构。

2. 掌握多分支结构程序的编程方法。

二、实训任务

在多分支结构的程序中，能够按调用号执行相应的功能，完成指定操作。若给出调用号来调用子程序，一般用查表方法，查到子程序的地址，转到相应子程序。

三、流程图及参考程序

1. 流程图（见图2—6）

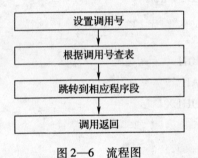

图2—6　流程图

2. 参考程序

```
ORG       0
LJMP      START
FUNC0: MOV   30H,#0
       RET
FUNC1: MOV   31H,#1
       RET
FUNC2: MOV   32H,#2
       RET
FUNC3: MOV   33H,#3
       RET
FUNCENTER:
       ADD    A,ACC          ;AJMP为二字节指令,调用号×2
       MOV    DPTR,#FUNCTAB
       JMP    @A+DPTR
FUNCTAB:
       AJMP   FUNC0
       AJMP   FUNC1
       AJMP   FUNC2
```

```
        AJMP    FUNC3
START：
        MOV     A，#0
        CALL    FUNCENTER
        MOV     A，#1
        CALL    FUNCENTER
        MOV     A，#2
        CALL    FUNCENTER
        MOV     A，#3
        CALL    FUNCENTER
        LJMP    $
        END
```

四、实训步骤

1. 接通实训装置电源，启动 PC 机。

2. 打开 KEIL 软件，新建项目文件，新建源文件，把源文件加入项目文件中，再全部保存。把软件设置为模拟调试状态。

3. 把上面参考程序写入源文件，并保存。

4. 按"F7"键对参考程序进行编译。

5. 编译无误后，单击 ⓠ 开始仿真。

6. 打开存储器窗口，在 MEMORY#1 中输入 D:30H 后按回车键。

7. 单击 📋 或按"F5"键全速执行，再单击暂停按钮 ⊗ ，观察地址 30H、31H、32H、33H 的数据变化，30H 更新为 0，31H 更新为 1，32H 更新为 2，33H 更新为 3。

8. 单击 ⓠ 退出模拟调试。

9. 上述模拟调试过程可以重复进行，效果是一样的。

项目五　内存块移动

一、实训目的

1. 了解内存块的移动方法。

2. 加深对存储器读写的认识。

二、实训任务

块移动是单片机常用操作之一，多用于大量的数据复制和图像操作。本程序是给出起始地址，用地址加一方法移动块，将指定源地址和长度的存储块移到指定目标地址为起始地址的单元中去。移动 3000H→4000H，256 字节。

三、流程图及参考程序

1. 流程图（见图2—7）

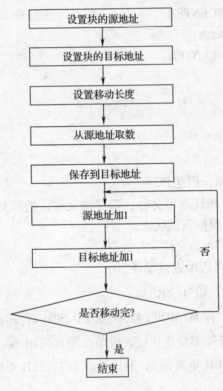

图 2—7　流程图

2. 参考程序

```
        ORG    0
        MOV    R0,#30H
        MOV    R1,#00H
        MOV    R2,#40H
        MOV    R3,#00H
        MOV    R7,#0
LOOP:   MOV    DPH,R0
        MOV    DPL,R1
        MOVX   A,@ DPTR
        MOV    DPH,R2
```

```
            MOV     DPL,R3
            MOVX    @DPTR,A
INC     R1
INC     R3
            DJNZ    R7,LOOP
            LJMP    $
            END
```

四、实训步骤

1. 接通实训装置电源，启动 PC 机。

2. 打开 KEIL 软件，新建项目文件，新建源文件，把源文件加入项目文件中，再全部保存。把软件设置为模拟调试状态。

3. 把上面参考程序写入源文件，并保存。

4. 按"F7"键对参考程序进行编译。

5. 编译无误后，单击 ⊕ 开始仿真。

6. 打开存储器窗口，观察地址 3000H（MEMORY#1 窗口输入 X:3000H 然后回车）的数据和地址 4000H（MEMORY#2 窗口输入 X:4000H 然后回车）的数据，鼠标右键单击相应的地址，在弹出菜单中单击"modify memory…"可修改相应地址的数据，随意修改 3000H 开始的几个地址的数据。

7. 再次单击 ▤↓ 或按"F5"键全速执行，再单击暂停按钮 ⊗ ，观察地址 3000H、4000H 的数据变化，3000H 开始的地址块的数据应该没变，4000H 开始的地址块的数据由原来的全 0 变成与 3000H 开始的地址块的数据相同了。

8. 单击 ⊕ 退出模拟调试。

9. 上述模拟调试过程可以重复进行，效果是一样的。

项目六　数　据　排　序

一、实训目的

掌握排序程序的设计方法。

二、实训任务

本例程采用交换排序法将内部 RAM 中的 50H～59H 单元中的 10 个单字节无符号二进制数按从小到大的次序排列，并将这一列排序后的数据从小到大依次存储到外部 RAM 1000H 开始处。

三、流程图及参考程序

1. 流程图（见图2—8）

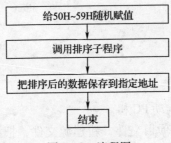

给50H~59H随机赋值

调用排序子程序

把排序后的数据保存到指定地址

结束

图2—8　流程图

2. 参考程序

```
        ORG    0000H
        JMP    MAIN
        ORG    0100H
MAIN：  MOV    R0,#50H
        MOV    @R0,#5FH
        INC    R0
        MOV    @R0,#56H
        INC    R0
        MOV    @R0,#5AH
        INC    R0
        MOV    @R0,#5EH
        INC    R0
        MOV    @R0,#51H
        INC    R0
        MOV    @R0,#5BH
        INC    R0
        MOV    @R0,#53H
        INC    R0
        MOV    @R0,#58H
        INC    R0
        MOV    @R0,#57H
        INC    R0
        MOV    @R0,#55H    ;将10个随机数送入内部RAM的50~59H单元
        NOP                ;可在此处设置断点
```

```
            ACALL QUE          ;调用排序子程序
OUT：   MOV    R0,#50H
        MOV    DPTR,#1000H
        MOV    R7,#10
OUT1：  MOV    A,@R0
        MOVX   @DPTR,A
        INC    R0
        INC    DPTR
        DJNZ   R7,OUT1
            NOP
HERE：  AJMP   HERE
QUE：   CLR    00H              ;清除交换标志
        MOV    R1,#50H
        MOV    R6,#09H
I3：    MOV    A,R6
        MOV    R7,A
        MOV    A,R1
        MOV    R0,A
        MOV    A,@R0
I2：    INC R0
        MOV    R2,A
        SUBB   A,@R0
        MOV    A,R2
        JC     I1
        SETB   00H
        XCH    A,@R0
I1：    DJNZ   R7,I2            ;可在此处设置断点,观察每次排序结果
        JNB    00H,STOP
        MOV    @R1,A
        INC    R1
        DJNZ   R6,I3
STOP：  RET
        END
```

四、实训步骤

1. 接通实训装置电源，启动 PC 机。

2. 打开 KEIL 软件，新建项目文件，新建源文件，把源文件加入项目文件中，再全部保存。把软件设置为模拟调试状态。

3. 把上面参考程序写入源文件，并保存。

4. 按"F7"键对参考程序进行编译。

5. 编译无误后，单击 @ 开始仿真。

6. 在程序指令 NOP 处设置断点，单击 ▤ 或按 F5 键全速执行。

7. 打开存储器窗口，分别观察 50H（在 MEMORY#1 中输入 D:50H）、1000H（MEMORY#2 窗口输入 X:1000H）开始的地址中的数据是否有序。

8. 再次单击 ▤ 或按 F5 键全速执行，再单击暂停按钮 ⊗ ，分别观察 50H、1000H 开始的地址中的数据是否有序，应该是 50H 开始的数据被从小到大排序后依次存储到外部 RAM 1000H 开始处。

9. 单击 @ 退出模拟调试。

10. 上述模拟调试过程可以重复进行，效果是一样的。

第三章　单片机基础实训

项目一　P1 口输入输出实训

一、实训目的

1. 学习 P1 口的使用方法。
2. 学习延时子程序的编写和使用。

二、实训任务

任务一：用 P1 口作输出口，接十六位逻辑电平显示，程序功能使发光二极管从右到左轮流循环点亮。

任务二：用 P1.0、P1.1 作输入接两个拨动开关，P1.2、P1.3 作输出接两个发光二极管。程序读取开关状态，并在发光二极管上显示出来。

三、原理图（见图 3—1）

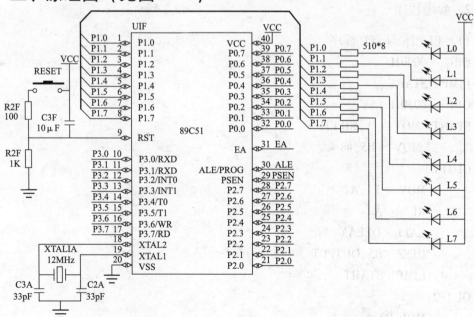

图 3—1　实训原理图

四、流程图及参考程序

1. 流程图（见图3—2）

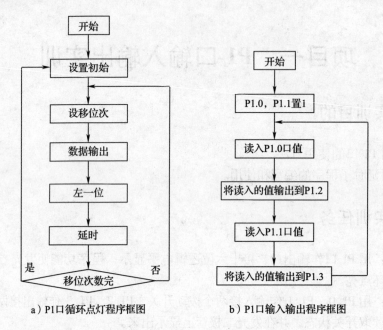

a）P1口循环点灯程序框图　　　　b）P1口输入输出程序框图

图3—2　流程图

2. 参考程序

（1）P1 口循环点灯程序

```
ORG     0000H
LJMP    START
ORG     0030H
START：MOV    A,#0FEH
        MOV    R5,#8
OUTPUT：
        MOV    P1,A
        RL     A
        CALL   DELAY
        DJNZ   R5,OUTPUT
        LJMP   START
OUTP2：
        MOV P0,A
        RL A
```

```
            CALL DELAY
            DJNZ R5,OUTP2
            LJMP START
DELAY：
            MOV    R6,#0
            MOV    R7,#0
DELAYLOOP：
            DJNZ   R7,DELAYLOOP
            DJNZ   R6,DELAYLOOP
            RET
            END
```

（2）P1 口输入输出程序

```
KEYLEFT        BIT      P1.0
KEYRIGHT       BIT      P1.1
LEDLEFT        BIT      P1.2
LEDRIGHT       BIT      P1.3
            ORG      0000H
            LJMP     START
            ORG      0030H
START：SETB   KEYLEFT
        SETB   KEYRIGHT
LOOP：MOV    C,KEYLEFT
        MOV    LEDLEFT,C
        MOV    C,KEYRIGHT
        MOV    LEDRIGHT,C
        LJMP   LOOP
        END
```

五、实训步骤

任务一 实训步骤

本实训需要用到单片机最小应用系统（F1 区）和十六位逻辑电平显示模块（I4 区）。

1. 接通实训装置电源，启动 PC 机。

2. 用扁平数据线连接单片机 P1 口 JD1F 与十六位逻辑电平显示模块 JD2I。

3. 打开 KEIL 软件，新建项目文件，新建源文件，把源文件加入项目文件中，再全部保存。把软件设置为仿真调试状态。

4. 把上面参考程序写入源文件，并保存。

5. 按"F7"键对参考程序进行编译。

6. 编译无误后，打开功能面板的电源开关，打开相关模块的电源。

7. 按仿真器右下角的"reset"键，对仿真器复位，2 s后单击 ⊕ 开始仿真。

8. 单击 ▤↓ 或按 F5 键全速执行，观察发光二极管显示情况，应该是单只发光二极管从右到左轮流循环点亮。

9. 按仿真器右下角的"reset"键，对仿真器复位，2 s后单击 ⊕ 退出仿真。

10. 上述仿真调试过程可以重复进行，效果是一样的。

11. 实训完成后先关闭各功能模块的电源，再关闭功能面板的电源。最后拆下所有接线。

任务二　实训步骤

本实训需要用到单片机最小应用系统（F1 区）、十六位逻辑电平显示模块（I4 区）以及八位逻辑电平输出模块（B1 区）。

1. 接通实训装置电源，启动 PC 机。

2. 用导线分别把单片机最小应用系统的 P1.0、P1.1 连接到两个拨动开关（B1 区）K0、K1，P1.2、P1.3 连接到两个发光二极管（I4 区）L0、L1。

3. 打开 KEIL 软件，新建项目文件，新建源文件，把源文件加入项目文件中，再全部保存。把软件设置为仿真调试状态。

4. 把上面参考程序写入源文件，并保存。

5. 按"F7"键对参考程序进行编译。

6. 编译无误后，打开功能面板的电源开关，打开相关模块的电源。

7. 按仿真器右下角的"reset"键，对仿真器复位，2 s后单击 ⊕ 开始仿真。

8. 单击 ▤↓ 或按"F5"键全速执行，拨动拨动开关，观察发光二极管的亮灭情况。向上拨为熄灭，向下拨为点亮。

9. 按仿真器右下角的"reset"键，对仿真器复位，2 s后单击 ⊕ 退出仿真。

10. 上述仿真调试过程可以重复进行，效果是一样的。

11. 实训完成后先关闭各功能模块的电源，再关闭功能面板的电源。最后拆下所有接线。

项目二　继电器控制实训

一、实训目的

1. 学习 I/O 端口的使用方法。

2. 掌握继电器控制的基本方法。

3. 了解用弱电控制强电的方法。

二、实训任务

要求本电路的控制端为高电平时，继电器常开触点吸合，LED 灯被点亮；当控制端口为低电平时，继电器不工作。

三、原理图（见图 3—3）

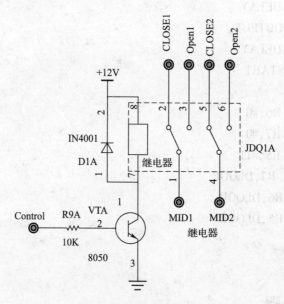

图 3—3　实训原理图

现代自动控制设备中，都存在一个电子电路的互相连接问题，一方面要使电子电路的控制信号能控制电气电路的执行元件（电动机、电磁铁、电灯等）；另一方面又要为电子线路和电气电路提供良好的电气隔离，以保护电子电路和人身的安全，继电器便能完成这一任务。

继电器电路中一般都要在继电器的线圈两头加一个二极管以吸收继电器线圈断电时产生的负电势。

四、流程图及参考程序

1. 流程图（见图 3—4）

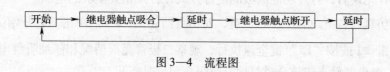

图 3—4　流程图

2. 参考程序

```
OUTPUT BIT P1.0
        ORG   0000H
        LJMP  START
        ORG   0030H
START:
        CLR    OUTPUT
        CALL   DELAY
        SETB   OUTPUT
        CALL   DELAY
        LJMP   START
DELAY:
        MOV    R6,#0
        MOV    R7,#0
        MOV    R5,#11
DLOOP: DJNZ   R7,DLOOP
        DJNZ   R6,DLOOP
        DJNZ   R5,DLOOP
        RET
        END
```

五、实训步骤

用 P1.0 作为控制输出口，接继电器电路，使继电器触点重复吸合与断开。本实训需要用到单片机最小应用系统（F1 区）、十六位逻辑电平显示（I4 区）和继电器模块（A5 区）。

1. 接通实训装置电源，启动 PC 机。

2. 用导线连接 P1.0 端口到继电器 CONTROL，OPEN1/OPEN2 接十六位逻辑电平显示的任意一个口，MID1/MID2 接 GND。

3. 打开 KEIL 软件，新建项目文件，新建源文件，把源文件加入项目文件中，再全部保存。把软件设置为仿真调试状态。

4. 把上面参考程序写入源文件，并保存。

5. 按"F7"键对参考程序进行编译。

6. 编译无误后，打开功能面板的电源开关，打开相关模块的电源。

7. 按仿真器右下角的"reset"键，对仿真器复位，2 s 后单击 @ 开始仿真。

8. 单击 或按"F5"键全速执行，观察二极管亮灭情况和仔细听继电器触点开合的声音，继电器触点应该会重复地延时吸合与延时断开。

9. 按仿真器右下角的"reset"键, 对仿真器复位, 2 s后单击 退出仿真。

10. 上述仿真调试过程可以重复进行, 效果是一样的。

11. 实训完成后先关闭各功能模块的电源, 再关闭功能面板的电源。最后拆下所有接线。

项目三 定时器实训

一、实训目的

1. 学习89C51内部计数器的使用和编程方法。
2. 进一步掌握中断处理程序的编写方法。

二、实训任务

用定时器定时来实现1个发光二极管的闪烁, 要求闪烁周期为2 s。

三、原理图（见图3—5）

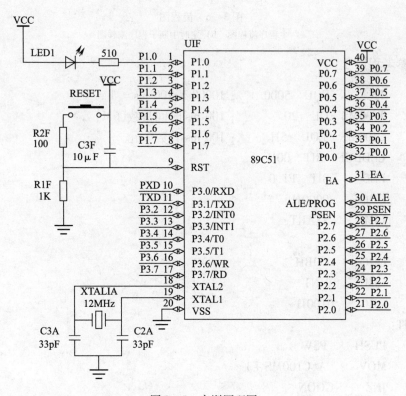

图3—5 实训原理图

四、流程图及参考程序

1. 流程图（见图 3—6）

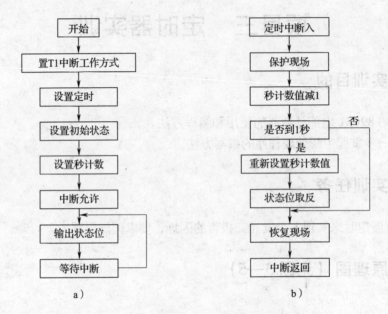

图 3—6 流程图

a）主程序流程图 b）定时中断子程序流程图

2. 参考程序

```
TICK    EQU   5000      ;10000 X 100 ms = 1 s
T100MS EQU   20         ;100 ms 时间常数(6M)
C100MS  EQU   5H        ;100 ms 计数单元
LEDBUF  BIT   00H
LED     BIT   P1.0
ORG     0000H
LJMP    START

ORG     000BH
LJMP    T0INT
ORG     0100H
```

T0INT：

```
PUSH    PSW
MOV     A,C100MS + 1
JNZ     GOON
DEC     C100MS
```

```
GOON:
        DEC     C100MS + 1
        MOV     A,C100MS
        ORL     A,C100MS + 1
        JNZ     EXIT            ;100 ms 计数器不为 0,返回
        MOV     C100MS,#HIGH(TICK) ;#HIGH(TICK)
        MOV     C100MS + 1,#LOW(TICK) ;#LOW(TICK)
        CPL     LEDBUF          ;100 ms 计数器为 0,重置计数器
                                ;取反 LED
EXIT:
        POP     PSW
        RETI
START:
        MOV     TMOD,#02H       ;方式 2,定时器
        MOV     TH0,#T100MS
        MOV     TL0,#T100MS
        MOV     IE,#10000010B   ;EA = 1,IT0 = 1
        SETB    TR0             ;开始定时
        CLR     LEDBUF
        CLR     P1.0
        MOV     C100MS,#HIGH(TICK)
        MOV     C100MS + 1,#LOW(TICK)
LOOP:
        MOV     C,LEDBUF
        MOV     P1.0,C
        LJMP    LOOP
        END
```

五、实训步骤

本实训需要用到单片机最小应用系统模块（F1 区）和十六位逻辑电平显示模块（I4 区）。

1. 接通实训装置电源，启动 PC 机。

2. 用导线将 P1.0 接到十六位逻辑电平显示的任意一只发光二极管上。

3. 打开 KEIL 软件，新建项目文件，新建源文件，把源文件加入项目文件中，再全部保存。把软件设置为仿真调试状态。

4. 把上面参考程序写入源文件，并保存。

5. 按 "F7" 键对参考程序进行编译。

6. 编译无误后，打开功能面板的电源开关，打开相关模块的电源。

7. 按仿真器右下角的"reset"键，对仿真器复位，2 s后单击 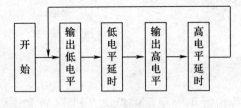 开始仿真。

8. 单击 或按"F5"键全速执行，可以看到发光二极管隔1 s点亮一次，点亮时间为1 s。

9. 按仿真器右下角的"reset"键，对仿真器复位，2 s后单击 退出仿真。

10. 上述仿真调试过程可以重复进行，效果是一样的。

11. 实训完成后先关闭各功能模块的电源，再关闭功能面板的电源。最后拆下所有接线。

项目四　定时器输出 PWM 实训

一、实训目的

1. 了解脉宽调制（PWM）的原理。
2. 学习用 PWM 输出模拟量。
3. 熟悉 51 系列单片机的延时程序。

二、实训任务

给 P1.0 引脚输出 PWM 电压，电压的大小可通过修改程序来改变。

三、流程图及参考程序

1. 流程图（见图3—7）

图 3—7　流程图

2. 参考程序

```
;输出 50% (5:5) 占空比 PWM
;输出 10% (1:9) 占空比 PWM
;输出 90% (9:1) 占空比 PWM
        ORG     0000H
OUTPUT EQU     P1.0
```

```
LOOP:
        CLR     OUTPUT
        MOV     A,#5
        ACALL   DELAY
        SETB    OUTPUT
        MOV     A,#5
        ACALL   DELAY
        SJMP    LOOP
DELAY:
        MOV     R0,#0
DLOOP:
        DJNZ    R0,DLOOP
        DJNZ    ACC,DLOOP
        RET
        END
```

四、实训步骤

P1.0 输出 PWM 信号, 输出信号送数字电压表显示。本实训需要用到单片机最小应用系统 (F1 区)。

1. 接通实训装置电源, 启动 PC 机。

2. 用导线将 P1.0 电压输出接电压表"+"端, 电压表"-"端接地。

3. 打开 KEIL 软件, 新建项目文件, 新建源文件, 把源文件加入项目文件中, 再全部保存。把软件设置为仿真调试状态。

4. 把上面参考程序写入源文件, 并保存。

5. 按"F7"键对参考程序进行编译。

6. 编译无误后, 打开功能面板的电源开关, 打开相关模块的电源。

7. 按仿真器右下角的"reset"键, 对仿真器复位, 2 s 后单击 ⊕ 开始仿真。

8. 单击 ▤↓ 或按"F5"键全速执行, 观察电压表显示值, 并做记录, 默认是占空比为 5:5 的 PWM。

9. 修改参考程序 LOOP 程序段两次, 给累加器 A 的赋值, 改为①"MOV A,#1"②"MOV A,#9", 重新编译后运行, 记录电压表显示值, 这是占空比 1:9 的 PWM。同样也可做占空比 9:1 的 PWM, 并做好记录。比较三种 PWM 信号转换电压的大小, 与理论值相比较。

10. 按仿真器右下角的"reset"键, 对仿真器复位, 2 s 后单击 ⊕ 退出仿真。

11. 上述仿真调试过程可以重复进行, 效果是一样的。

12. 实训完成后先关闭各功能模块的电源, 再关闭功能面板的电源。最后拆下所有接线。

项目五　计数器实训

一、实训目的

1. 学习 89C51 内部定时/计数器的使用方法。
2. 学习计数器各种工作方式的用法。

二、实训任务

用单片机的定时/计数器实现对外部脉冲的计数，并用十六位逻辑电平显示（相当于二进制数），要注意逻辑电平显示时是低电平时显示器亮。

三、原理图（见图3—8）

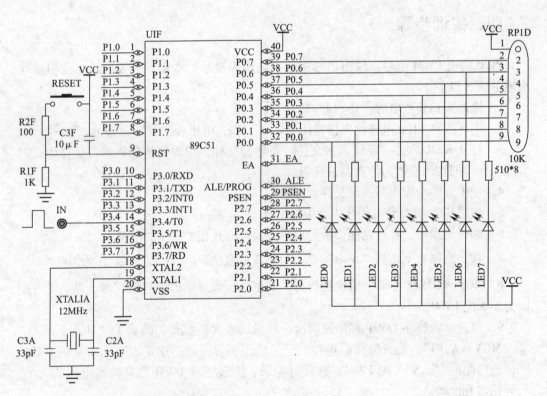

图3—8　原理图

四、流程图及参考程序

1. 流程图（见图3—9）

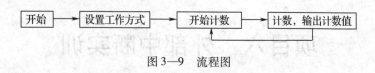

图3—9 流程图

2. 参考程序

```
        ORG     0000H
        LJMP    START
        ORG     0030H
START：
        MOV     TMOD,#00000101B    ;方式1,计数器
        MOV     TH0,#0
        MOV     TL0,#0
        SETB    TR0                ;开始计数
LOOP：
        MOV     P0,TL0
        LJMP    LOOP
        END
```

五、实训步骤

本实训需要用到单片机最小应用系统模块（F1区）、单次脉冲源（A6区）和十六位逻辑电平显示模块（I4区）。P3.4接外部脉冲输入，P0口接十六位逻辑电平显示模块，脉冲个数以二进制形式显示出来。

1. 接通实训装置电源，启动PC机。

2. 用扁平数据线连接P0口JD4F与十六位逻辑电平显示模块JD2I，P3.4端口接单次脉冲电路的输出端。

3. 打开KEIL软件，新建项目文件，新建源文件，把源文件加入项目文件中，再全部保存。把软件设置为仿真调试状态。

4. 把上面参考程序写入源文件，并保存。

5. 按"F7"键对参考程序进行编译。

6. 编译无误后，打开功能面板的电源开关，打开相关模块的电源。

7. 按仿真器右下角的"reset"键，对仿真器复位，2 s后单击 开始仿真。

8. 单击 或按"F5"键全速执行，连续按动单次脉冲的按键，十六位逻辑电平显示按键次数。

9. 按仿真器右下角的"reset"键，对仿真器复位，2 s 后单击 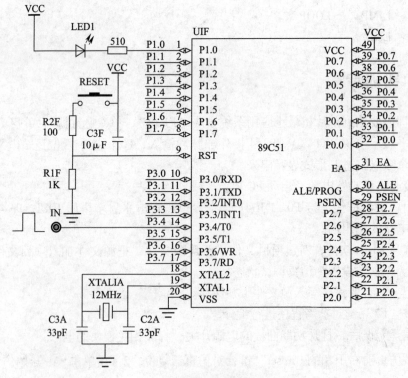 退出仿真。

10. 上述仿真调试过程可以重复进行，效果是一样的。

11. 实训完成后先关闭各功能模块的电源，再关闭功能面板的电源。最后拆下所有接线。

项目六　外部中断实训

一、实训目的

1. 掌握外部中断技术的基本使用方法。
2. 掌握中断处理程序的编写方法。

二、实训任务

用单片机的中断系统监测外部脉冲，当有脉冲输入时，将与单片机相连的发光二极管的状态取反。

三、原理图（见图 3—10）

图 3—10　原理图

四、流程图及参考程序

1. 流程图（见图3—11）

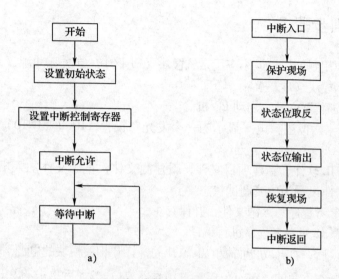

a)   b)

图3—11 流程图

a）主程序流程图 b）外部中断子程序流程图

2. 参考程序

```
        LED     BIT P1.0
        LEDBUF  BIT   0
        ORG     0000H
        LJMP    START
        ORG     000BH
        LJMP    INTERRUPT
        ORG     0030H
INTERRUPT：
        PUSH    PSW         ;保护现场
        CPL     LEDBUF      ;取反 LED
        MOV     C,LEDBUF
        MOV     LED,C
        POP     PSW         ;恢复现场
        RETI
START：
        CLR     LEDBUF
        CLR     LED
```

```
        MOV    TCON,#01H     ;外部中断 0 下降沿触发
        MOV    IE,#81H       ;打开外部中断允许位(EX0)及总中断允许位(EA)
OK：    LJMP    OK
        END
```

五、实训步骤

本实训需要用到单片机最小应用系统模块（F1 区）、单次脉冲源（A6 区）和十六位逻辑电平显示模块（I4 区）。

1. 接通实训装置电源，启动 PC 机。

2. P1.0 接十六位逻辑电平显示的一个发光二极管，P3.2（INT0）接单次脉冲源的输出端。

3. 打开 KEIL 软件，新建项目文件，新建源文件，把源文件加入项目文件中，再全部保存。把软件设置为仿真调试状态。

4. 把上面参考程序写入源文件，并保存。

5. 按 "F7" 键对参考程序进行编译。

6. 编译无误后，打开功能面板的电源开关，打开相关模块的电源。

7. 按仿真器右下角的 "reset" 键，对仿真器复位，2 s 后单击 ⊕ 开始仿真。

8. 单击 ⬛↓ 或按 "F5" 键全速执行，连续按动单次脉冲产生电路的按键，每按一次发光二极管状态取反，即隔一次点亮。

9. 按仿真器右下角的 "reset" 键，对仿真器复位，2 s 后单击 ⊕ 退出仿真。

10. 上述仿真调试过程可以重复进行，效果是一样的。

11. 实训完成后先关闭各功能模块的电源，再关闭功能面板的电源。最后拆下所有接线。

项目七 查询式键盘实训

一、实训目的

1. 掌握键盘和显示器的接口方法和编程方法。
2. 掌握键盘和八段码显示器的工作原理。
3. 静态显示的原理和相关程序的编写。

二、实训任务

用查询式方法对独立式按键的状态进行读取，并把按键的编号用串行静态显示模块显示，一共有 8 个按键。

三、原理图（见图3—12）

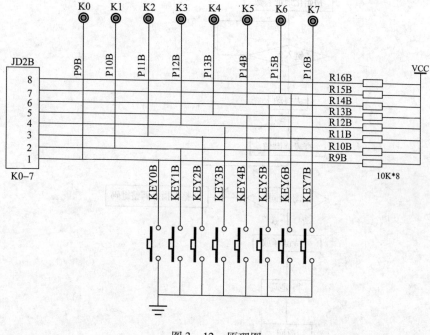

图 3—12　原理图

四、流程图及参考程序

1. 流程图（见图3—13、图3—14）

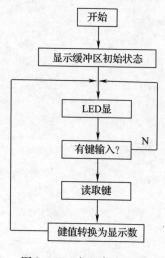

图 3—13　主程序流程图

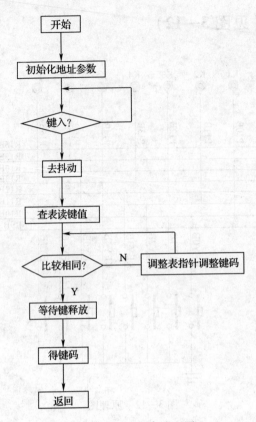

图3—14 子程序流程图

2. 参考程序

;RXD 接静态数码显示 DIN,TXD 接 CLK
;P1 口 — 查询式键盘 ===================

```
        DBUF   EQU   30H
        TEMP   EQU   40H
        ORG    0000H
        LJMP   START
        ORG    0100H
START:
        MOV   A,#10H
MAIN:   ACALL  DISP
        ACALL  KEY
        AJMP   MAIN
KEY:    MOV P1,#0FFH
        MOV A,P1
        CJNE A,#0FFH,K00
```

```
              AJMP    KEY
K00：   ACALL   DELAY
         MOV A,P1
         CJNE A,#0FFH,K01
         AJMP    KEY
K01：   MOV R3,#8
         MOV R2,#0
         MOV B,A
         MOV DPTR,#K0TAB
K02：   MOV A,R2
         MOVC A,@A+DPTR
         CJNE A,B,K04
K03：   MOV A,P1
         CJNE A,#0FFH,K03
         ACALL   DELAY
         MOV A,R2
         RET
K04：   INC R2
         DJNZ R3,K02
         MOV A,#0FFH
         LJMP    MAIN
K0TAB：DB 0FEH,0FDH,0FBH,0F7H
         DB 0EFH,0DFH,0BFH,07FH
DISP：MOV DBUF,A
         MOV DBUF+1,#16
         MOV DBUF+2,#16
         MOV DBUF+3,#16
         MOV DBUF+4,#16
         MOV    R0,  #DBUF
         MOV    R1,  #TEMP
         MOV    R2,   #5
DP10：MOV    DPTR,#SEGTAB
         MOV    A,    @R0
         MOVC   A,    @A+DPTR
         MOV    @R1,A
         INC    R0
         INC    R1
         DJNZ   R2,  DP10
         MOV    R0,   #TEMP
```

```
        MOV    R1,   #5
DP12:MOV    R2,   #8
        MOV    A,    @R0
DP13:RLC    A
        MOV    0B0H,C;DIN,C
        CLR    0B1H   ;CLK
        SETB   0B1H   ;CLK
        DJNZ   R2,   DP13
        INC    R0
        DJNZ   R1,   DP12
        RET
SEGTAB:DB     3FH,06H,5BH,4FH,66H,6DH
        DB     7DH,07H,7FH,6FH,77H,7CH
        DB     58H,5EH,79H,71H,00H,40H
DELAY: MOV    R4,   #02H
AA1:   MOV    R5,   #0F8H
AA:    NOP
        NOP
        DJNZ   R5,   AA
        DJNZ   R4,   AA1
        RET
        END
```

五、实训步骤

本实训需要用到单片机最小应用系统（F1 区）、查询式键盘（B2 区）、串行静态显示模块（I3 区）。

需要注意的是，对于行列式键盘，无键按下时，键盘输出全为"1"，发光二极管全部熄灭，有键按下时，对应发光二极管点亮。此种电路的程序要判断是否有 2 个或 2 个以上的按键同时按下，以免键盘分析错误。阵列式键盘的编程也有同样的问题需要注意。

1. 接通实训装置电源，启动 PC 机。

2. 单片机最小应用系统 F1 的 P1 口 JD1F 接查询式键盘输出口 JD2B。P3.0 接静态数码显示 DIN，P3.1 接 CLK。

3. 打开 KEIL 软件，新建项目文件，新建源文件，把源文件加入项目文件中，再全部保存。把软件设置为仿真调试状态。

4. 把上面参考程序写入源文件，并保存。

5. 按"F7"键对参考程序进行编译。

6. 编译无误后，打开功能面板的电源开关，打开相关模块的电源。

7. 按仿真器右下角的"reset"键，对仿真器复位，2 s后单击 🔍 开始仿真。

8. 单击 📄↓ 或按"F5"键全速执行，在键盘上按下某个键，观察数码显示管显示的值是否与按键值一致，键值从右至左为 0 ~ 7。

9. 按仿真器右下角的"reset"键，对仿真器复位，2 s后单击 🔍 退出仿真。

10. 上述仿真调试过程可以重复进行，效果是一样的。

11. 实训完成后先关闭各功能模块的电源，再关闭功能面板的电源。最后拆下所有接线。

项目八 74HC138 译码器实训

一、实训目的

掌握 74138 电路的基本知识及由软件编译的译码器控制方式。

二、实训任务

将三个逻辑电平输入 74LS138 译码器，译码的结果用发光二极管显示，改变逻辑电平时，发光二极管的显示结果随即也改变。单片机程序可给译码器设置初始输入值。

三、原理图（见图 3—15）

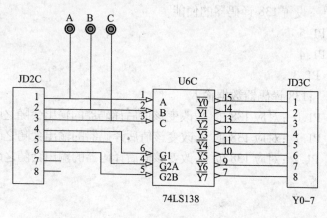

图 3—15 原理图

四、流程图及实训程序

1. 流程图（见图 3—16）

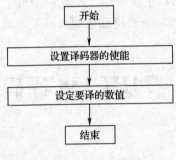

图 3—16　流程图

2. 参考程序

```
ORG            0000H
LJMP           MAIN
ORG            1000H
MAIN:
    MOV SP,#60H
    MOV   R4,#0
    DJNZ R4, $
               ;设置 138 译码器的使能
    CLR   P1.5
    CLR   P1.4
    SETB  P1.3
               ;138 译码器数据输入
    CLR   P1.0 ;对应 138 的 A,改变该值后译码器的输出会随之改变
    CLR   P1.1 ;对应 138 的 B,改变该值后译码器的输出会随之改变
    SETB  P1.2 ;对应 138 的 C,改变该值后译码器的输出会随之改变
    SJMP  $
    END
```

五、实训步骤

由软件控制 138 译码器的工作方式，可以改变 A，B，C 的端口而改变其译码输出。用 8 位发光二极管显示的译码输出值。本实训要用到单片机最小应用系统（F1 区）、十六位逻辑电平显示（I4 区）和译码器模块（C5 区）。

1. 接通实训装置电源，启动 PC 机。

2. 单片机最小应用系统的 P1 口 JD1F 接 138 译码器上的 JD2C，而 138 译码器的 JD3C 接十六位逻辑电平显示模块 JD2I，A、B、C 接八位逻辑电平输出的 K2，K1，K0。

3. 打开 KEIL 软件，新建项目文件，新建源文件，把源文件加入项目文件中，再全部保存。把软件设置为仿真调试状态。

4. 把上面参考程序写入源文件，并保存。

5. 按"F7"键对参考程序进行编译。

6. 编译无误后，打开功能面板的电源开关，打开相关模块的电源。

7. 按仿真器右下角的"reset"键，对仿真器复位，2 s 后单击 🔍 开始仿真。

8. 单击 📋↓ 或按"F5"键全速执行，可看到右边第 5 个发光二极管亮（100 译码为 00010000），在程序中修改 P1.0 ~ P1.2 的值，可以改变运行后亮灯的位置。

9. 按仿真器右下角的"reset"键，对仿真器复位，2 s 后单击 🔍 退出仿真。

10. 上述仿真调试过程可以重复进行，效果是一样的。

11. 实训完成后先关闭各功能模块的电源，再关闭功能面板的电源。最后拆下所有接线。

项目九 串行静态显示实训

一、实训目的

1. 掌握数字、字符转换成显示段码的软件译码方法。
2. 静态显示的原理和相关程序的编写。

二、实训任务

在 8 段 LED 数码管上显示"89C52"。

三、原理图（见图 3—17）

显示器由 8 个共阴极 LED 数码管组成。输入只有两个信号，它们是串行数据线 DIN 和移位信号 CLK。8 个串/并移位寄存器芯片 74LS164 首尾相连。每片的并行输出作为 LED 数码管的段码。

74LS164 的引脚如图 3—18 所示。

74LS164 为 8 位串入并出移位寄存器，1、2 为串行输入端，Q0 ~ Q7（QA ~ QH）为并行输出端，CLK 为移位时钟脉冲，上升沿移入一位；CLR 为清零端，低电平时并行输出为零。

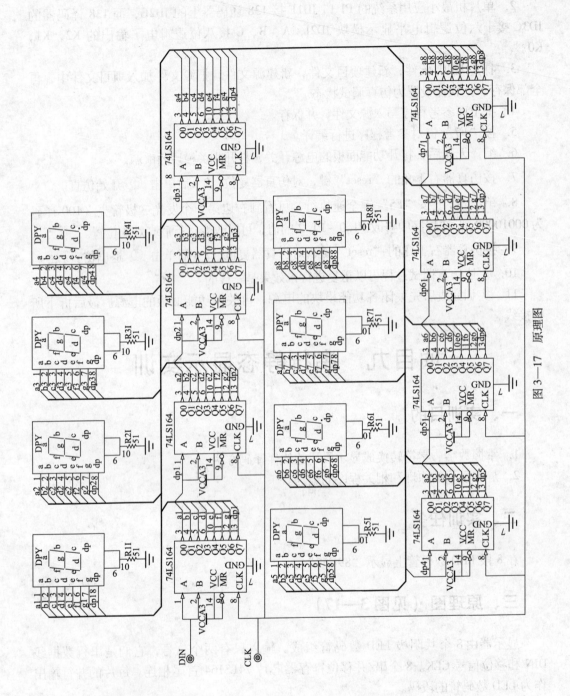

图 3—17 原理图

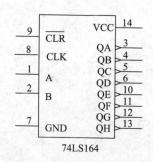

图 3—18 74LS164 引脚图

四、流程图及参考程序

1. 流程图（见图 3—19）

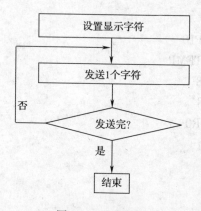

图 3—19 流程图

2. 参考程序

```
;串行静态显示  DISP1.ASM    5   LED
;P3.0 -- DIN    P3.1 -- CL
        DBUF0   EQU   30H
        TEMP    EQU   40H
        DIN     BIT     P3.0
        CLK     BIT     P3.1
        ORG   0000H
        LJMP   START
        ORG   0100H
START:
        MOV 30H,#10H
        MOV 31H,#10H
        MOV 32H,#10H
```

```
            MOV 33H,#8
            MOV 34H,#9
            MOV 35H,#0CH
            MOV 36H,#5
            MOV 37H,#2
DISP：MOV    R0,   #DBUF0
      MOV    R1,   #TEMP
      MOV    R2,   #8
DP10：MOV    DPTR,#SEGTAB
      MOV    A,    @R0
      MOVC   A,    @A+DPTR
      MOV    @R1,A
      INC    R0
      INC    R1
      DJNZ   R2,   DP10
      MOV    R0,   #TEMP
      MOV    R1,   #8
DP12：MOV    R2,   #8
      MOV    A,    @R0
DP13：RLC    A
      MOV    DIN,C
      CLR    CLK
      SETB   CLK
      DJNZ   R2,   DP13
      INC    R0
      DJNZ   R1,   DP12
OK：  SJMP   OK
SEGTAB：DB 3FH,06H,5BH,4FH,66H,6DH
        DB 7DH,07H,7FH,6FH,77H,7CH
        DB 39H,5EH,7BH,71H,00H,40H
        END
```

五、实训步骤

单片机的 P3.0 作数据串行输出，P3.1 作移位脉冲输出。本实训需要用到单片机最小应用系统（F1 区）和串行静态显示模块（I3 区）。

1. 接通实训装置电源，启动 PC 机。

2. 用导线将 P3.0（RXD）、P3.1（TXD）连接到串行静态显示模块的 DIN、CLK 端。

3. 打开 KEIL 软件，新建项目文件，新建源文件，把源文件加入项目文件中，再全部保存。把软件设置为仿真调试状态。

4．把上面参考程序写入源文件，并保存。

5．按"F7"键对参考程序进行编译。

6．编译无误后，打开功能面板的电源开关，打开相关模块的电源。

7．按仿真器右下角的"reset"键，对仿真器复位，2 s后单击 开始仿真。

8．单击 或按"F5"键全速执行，8 位 LED 显示"89C52"。程序停止运行时，显示不变，说明静态显示模块具有数据锁存功能。

9．按仿真器右下角的"reset"键，对仿真器复位，2 s后单击 退出仿真。

10．上述仿真调试过程可以重复进行，效果是一样的。

11．实训完成后先关闭各功能模块的电源，再关闭功能面板的电源。最后拆下所有接线。

项目十　DAC0832 并行 D/A 转换实训

一、实训目的

1．掌握 DAC0832 直通方式、单缓冲器方式、双缓冲器方式的编程方法。
2．掌握 D/A 转换程序的编程方法和调试方法。

二、实训任务

使用 DAC0832 实现模数转换，并可通过电位器改变波形的幅度。

三、原理图（见图 3—20）

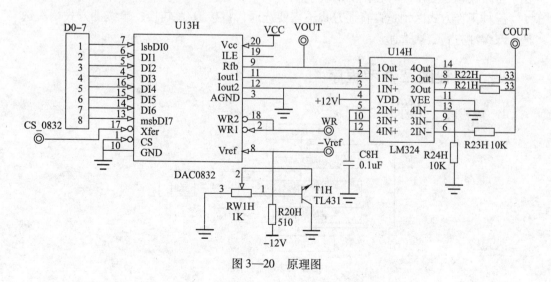

图 3—20　原理图

DAC0832 是 8 位 D/A 转换器，它采用 CMOS 工艺制作，具有双缓冲器输入结构，其引脚排列如图 3—21 所示，DAC0832 各引脚功能说明：

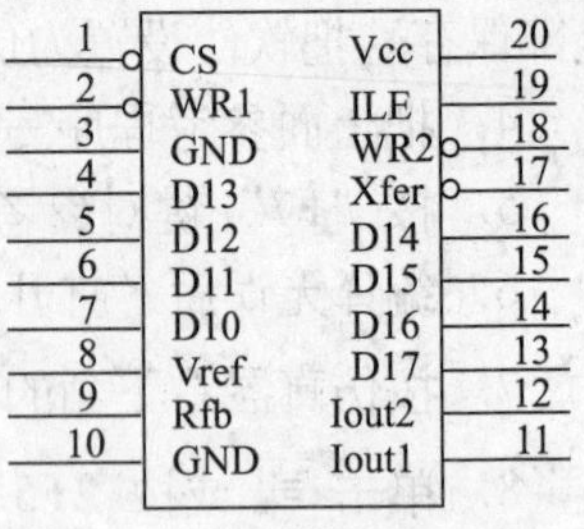

DI0 ~ DI7：转换数据输入端。

CS：片选信号输入端，低电平有效。

ILE：数据锁存允许信号输入端，高电平有效。

WR1：第一写信号输入端，低电平有效。

Xfer：数据传送控制信号输入端，低电平有效。

WR2：第二写信号输入端，低电平有效。

图 3—21　DAC0832 引脚图

Iout1：电流输出 1 端，当数据全为 1 时，输出电流最大；当数据全为 0 时，输出电流最小。

Iout2：电流输出 2 端。DAC0832 具有：Iout1 + Iout2 = 常数的特性。

Rfb：反馈电阻端。

Vref：基准电压端，是外加的高精度电压源，它与芯片内的电阻网络相连接，该电压范围为：- 10 ~ + 10 V。

VCC 和 GND：芯片的电源端和地端。

DAC0832 内部有两个寄存器，而这两个寄存器的控制信号有五个，输入寄存器由 ILE、CS、WR1 控制，DAC 寄存器由 WR2、Xref 控制，用软件指令控制这五个控制端可实现三种工作方式：直通方式、单缓冲方式、双缓冲方式。

直通方式是将两个寄存器的五个控制端预先置为有效，两个寄存器都开通只要有数字信号输入就立即进入 D/A 转换。

单缓冲方式使 DAC0832 的两个输入寄存器中有一个处于直通方式，另一个处于受控方式，可以将 WR2 和 Xfer 相连再接到地上，并把 WR1 接到 89C51 的 WR 上，ILE 接高电平，CS 接高位地址或地址译码的输出端上。

双缓冲方式把 DAC0832 的输入寄存器和 DAC 寄存器都接成受控方式，这种方式可用于多路模拟量要求同时输出的情况下。

三种工作方式区别是：直通方式不需要选通，直接 D/A 转换；单缓冲方式一次选通；双缓冲方式二次选通。

四、流程图及参考程序

1. 流程图（见图 3—22）

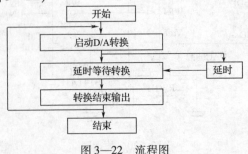

图 3—22　流程图

2. 参考程序

```
        DAC0832    EQU    0FEFFH
        ORG    0000H
        LJMP    START

        ORG    0100H
START:
        MOV    SP,#60H
        MOV    R0,#0    ;定义指向正弦DAC数据的指针,因为有361个数据
        MOV    R1,#0    ;所以用了R0和R1两个寄存器
LOOP:
        MOV    A,R0
        MOV    DPTR,#SINE_DATA
        CJNE    R1,#1,LOW_TAB
        INC    DPH                ;判断指针的高位字节R1是否为1。如果是,则
                                  DPH加1
LOW_TAB:
        MOVC    A,@A+DPTR    ;取出正弦波DAC的数据
        MOV    DPTR,#DAC0832
        MOVX    @DPTR,A    ;启动D/A转换
        INC    R0        ;指针低八位加1处理
        CJNE    R1,#1,INC_LOW
        CJNE    R0,#105,INC_OK
        MOV    R0,#0        ;如果已经取完数据并输出,则重新设置指针
        MOV    R1,#0
        SJMP    INC_OK
INC_LOW:
        CJNE    R0,#0,INC_OK    ;判断是否要进位
        MOV    R1,#1
INC_OK:
        ACALL    DELAY
        AJMP    LOOP
;**********************************************
;通过设置延时时间的长短来改变锯齿波的周期
;**********************************************
DELAY:
        MOV    R7,#5    ;改变数值可以改变正弦波的频率
        DJNZ    R7,$
```

RET
;******************************
;正弦波数据表,8 位 DAC 的数据
;******************************
SINE_DATA：
        DB 128,130,132,135,137,139,141,144,146,148
        DB 150,152,155,157,159,161,163,165,168,170
        DB 172,174,176,178,180,182,184,186,188,190
        DB 192,194,196,198,200,201,203,205,207,209
        DB 210,212,214,215,217,219,220,222,223,225
        DB 226,227,229,230,232,233,234,235,237,238
        DB 239,240,241,242,243,244,245,246,247,247
        DB 248,249,250,250,251,252,252,253,253,254
        DB 254,254,255,255,255,255,255,255,255,255
        DB 255,255,255,255,255,255,255,255,255,254
        DB 254,254,253,253,252,252,251,250,250,249
        DB 248,247,247,246,245,244,243,242,241,240
        DB 239,238,237,235,234,233,232,230,229,227
        DB 226,225,223,222,220,219,217,215,214,212
        DB 210,209,207,205,203,201,200,198,196,194
        DB 192,190,188,186,184,182,180,178,176,174
        DB 172,170,168,165,163,161,159,157,155,152
        DB 150,148,146,144,141,139,137,135,132,130
        DB 128,126,124,121,119,117,115,112,110,108
        DB 106,104,101,99,97,95,93,91,88,86
        DB 84,82,80,78,76,74,72,70,68,66
        DB 64,62,60,58,56,55,53,51,49,47
        DB 46,44,42,41,39,37,36,34,33,31
        DB 30,29,27,26,24,23,22,21,19,18
        DB 17,16,15,14,13,12,11,10,9,9
        DB 8,7,6,6,5,4,4,3,3,2
        DB 2,2,1,1,1,0,0,0,0,0
        DB 0,0,0,0,0,0,1,1,1,2
        DB 2,2,3,3,4,4,5,6,6,7
        DB 8,9,9,10,11,12,13,14,15,16
        DB 17,18,19,21,22,23,24,26,27,29
        DB 30,31,33,34,36,37,39,41,42,44
        DB 46,47,49,51,53,55,56,58,60,62
        DB 64,66,68,70,72,74,76,78,80,82

DB 84,86,88,91,93,95,97,99,101,104
DB 106,108,110,112,115,117,119,121,124,126
DB 128
END

五、实训步骤

本实训用到单片机最小系统（F1区）、并行 D/A 转换实验（H10区）和示波器。

1. 接通实训装置电源，启动 PC 机。

2. 单片机最小应用系统的 P0 口 JD4F 接并行 D/A 转换实验的 DI0 ~ DI7 口 JD13H，单片机最小应用系统的 P2.0、WR 分别接并行 D/A 转换实验的 CS – 0832、WR。用万用表测量 "– Vref" 端的电压，手动调节电位器 RW1H，把 – Vref 电压调到 – 5 V。并行 D/A 转换实验的 VOUT 接示波器探头，示波器接地端接电源开关处的地端。

3. 打开 KEIL 软件，新建项目文件，新建源文件，把源文件加入项目文件中，再全部保存。把软件设置为仿真调试状态。

4. 把上面参考程序写入源文件，并保存。

5. 按 "F7" 键对参考程序进行编译。

6. 编译无误后，打开功能面板的电源开关，打开相关模块的电源。

7. 按仿真器右下角的 "reset" 键，对仿真器复位，2 s 后单击 🔍 开始仿真。

8. 单击 ⯬ 或按 "F5" 键全速执行，观察示波器测量输出波形的周期和幅度，调节输出电位器，可以改变波形的幅度。

9. 按仿真器右下角的 "reset" 键，对仿真器复位，2 s 后单击 🔍 退出仿真。

10. 上述仿真调试过程可以重复进行，效果是一样的。

11. 实训完成后先关闭各功能模块的电源，再关闭功能面板的电源。最后拆下所有接线。

项目十一　ADC0809 并行 A/D 转换实训

一、实训目的

1. 掌握 ADC0809 与单片机的连接方法及 ADC0809 的典型应用。
2. 掌握用查询方式、中断方式完成模/数转换程序的编写方法。

二、实训任务

用 ADC0809 将输入的电压信号转换为数字信号，并用串行静态显示模块显示。显示的数值能随输入的电压信号变化而变化。

三、原理图（见图3—23）

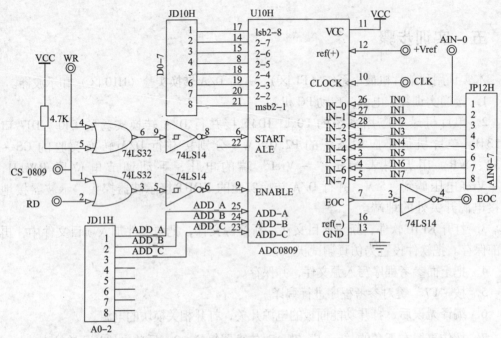

图3—23 原理图

本实训使用 ADC0809 模数转换器，ADC0809 是 8 通道 8 位 CMOS 逐次逼近式 A/D 转换芯片，片内有模拟量通道选择开关及相应的通道锁存、译码电路，A/D 转换后的数据由三态锁存器输出，由于片内没有时钟需外接时钟信号。图3—24 所示为 ADC0809 芯片的引脚图。

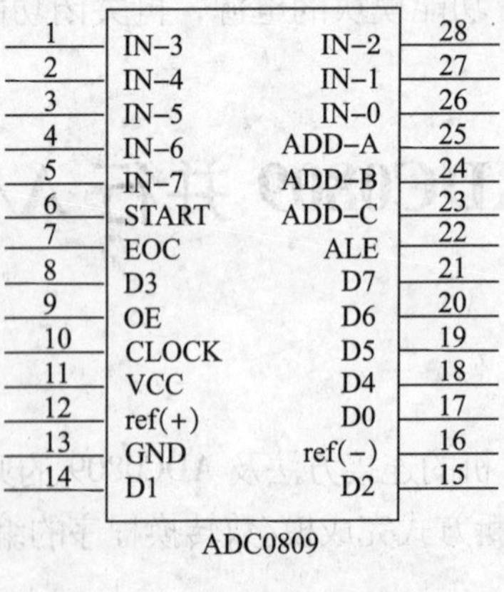

图3—24 ADC0809 引脚图

ADC0809 芯片各引脚功能如下：
IN0 ~ IN7：8 路模拟信号输入端。

ADD – A、ADD – B、ADD – C：三位地址码输入端。8 路模拟信号转换选择由这三个端口控制。

CLOCK：外部时钟输入端（小于1MHz）。

D0 ~ D7：数字量输出端。

OE：A/D 转换结果输出允许控制端。当 OE 为高电平时，允许 A/D 转换结果从 D0 ~ D7 端输出。

ALE：地址锁存允许信号输入端。8 路模拟通道地址由 A、B、C 输入，在 ALE 信号有效时将该 8 路地址锁存。

START：启动 A/D 转换信号输入端。当 START 端输入一个正脉冲时，将进行 A/D 转换。

EOC：A/D 转换结束信号输出端。当 A/D 转换结束后，EOC 输出高电平。

Vref（ + ）、Vref（ – ）：正负基准电压输入端。基准正电压的典型值为 + 5 V。

VCC 和 GND：芯片的电源端和地端。

四、流程图及参考程序

1. 流程图（见图 3—25）

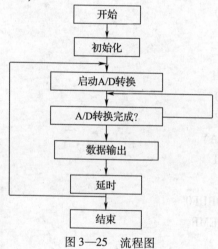

图 3—25　流程图

2. 参考程序

```
DBUF0 EQU        30H          ;显示第一位的缓冲地址
TEMP   EQU        40H
       ORG        0000H
       LJMP       START
       ORG        0100H
START:
       MOV        35H,#11H     ;灭不需要的显示位
       MOV        36H,#11H
       MOV        37H,#11H
```

```
            MOV    R0,#DBUF0
            MOV    @R0,#0AH
            INC    R0
            MOV    @R0,#0DH
            INC    R0
            MOV    @R0,#11H
            INC    R0
            MOV    DPTR,#0FEF0H  ;A/D
            MOV    A,#0
            MOVX   @DPTR,A
WAIT: JB    P3.3,WAIT
            MOVX   A,@DPTR        ;读入结果
            MOV    P1,A
            MOV    B,A
            SWAP A
            ANL    A,#0FH
            XCH    A,@R0
            INCR0
            MOV    A,B
            ANL    A,#0FH
            XCH    A,@R0
            ACALL  DISP1
            ACALL  DELAY
            AJMP   START
DISP1：
            MOV    R0,#DBUF0
            MOV    R1,#TEMP
            MOV    R2,#8
DP10：MOV    DPTR,#SEGTAB
            MOV    A,@R0
            MOVC   A,@A+DPTR
            MOV    @R1,A
            INCR0
            INCR1
            DJNZ   R2,DP10
            MOV    R0,#TEMP
            MOV    R1,#8
DP12：MOV    R2,#8
            MOV    A,@R0
```

```
DP13：  RLC    A
        MOV    0B0H,C
        CLR    0B1H
        SETB   0B1H
        DJNZ   R2,DP13
        INCR0
        DJNZ   R1,DP12
        RET
SEGTAB:DB     3FH,6,5BH,4FH,66H,6DH  ;0,1,2,3,4,5
       DB     7DH,7,7FH,6FH,77H,7CH  ;6,7,8,9,A,B
       DB     58H,5EH,79H,71H,0,00H  ;C,D,E,F,–
DELAY：  MOV    R4,#0FFH
AA1：    MOV    R5,#0FFH
AA：     NOP
   NOP
   DJNZ   R5,AA
   DJNZ   R4,AA1
   RET
   END
```

五、实训步骤

本实训需要用到单片机最小系统（F1 区）、串行静态显示（I3 区）、可调电源模块（A2 区）和并行 A/D 转换（H9 区）。

1. 接通实训装置电源，启动 PC 机。

2. 单片机最小应用系统的 P0 口 JD4F 接 A/D 转换的 D0 ~ D7 口 JD10H，单片机最小应用系统的 Q0 ~ Q7 口 JD7F 接 0809 的 A0 ~ A7 口 JD11H，单片机最小应用系统的 WR、RD、P2.0、ALE、INT1 分别接 A/D 转换的 WR、RD、CS – 0809、CLK、EOC。A/D 转换的 + Vref 接 + 5 V 电源，AIN0 接可调电源模块 A2 区的输出端（AIN0 也可在程序运行之后接），单片机最小应用系统的 RXD、TXD 分别接串行静态显示的 DIN、CLK。

3. 打开 KEIL 软件，新建项目文件，新建源文件，把源文件加入项目文件中，再全部保存。把软件设置为仿真调试状态。

4. 把上面参考程序写入源文件，并保存。

5. 按 "F7" 键对参考程序进行编译。

6. 编译无误后，打开功能面板的电源开关，打开相关模块的电源。

7. 按仿真器右下角的 "reset" 键，对仿真器复位，2 s 后单击 🔍 开始仿真。

8. 单击 📖 或按 "F5" 键全速执行，可看到 8 位 LED 静态显示 "AD　XX"，

"XX"为 AD 转换后的值，调节模拟信号输入端的电位器旋钮，显示值随着变化，顺时针旋转值增大，AD 转换值的范围是 00 ~ FF。

9. 按仿真器右下角的"reset"键，对仿真器复位，2 s 后单击 ⚲ 退出仿真。

10. 上述仿真调试过程可以重复进行，效果是一样的。

11. 实训完成后先关闭各功能模块的电源，再关闭功能面板的电源。最后拆下所有接线。

第四章 单片机接口应用开发实训

项目一　RS232 通信接口

一、实训目的

1. 了解 89C51 串行口的工作原理以及发送的方式。
2. 了解 PC 机通信的基本要求。

二、实训任务

实现单片机与 PC 机的串行通信，使用查询法接收和发送信息，上位机发出指定字符，下位机收到后返回原字符。波特率定为 4 800 b/s。

三、原理图（见图 4—1）

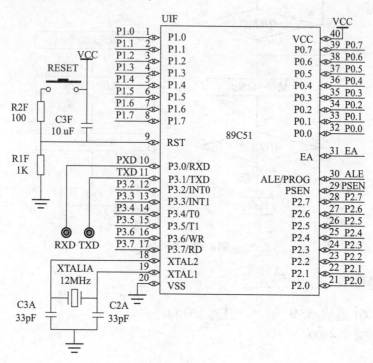

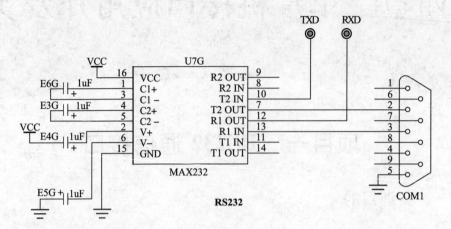

图 4—1　原理图

四、流程图及参考程序

1. 流程图（见图 4—2）

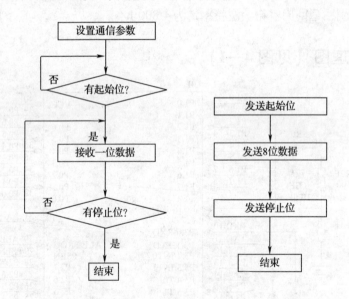

图 4—2　流程图

2. 参考程序

```
;8051 通信. ASM        任意 I/O 口
;波特率 4800

RXD_    EQU      P1.1
```

```
          TXD_    EQU       P1.0
          ORG     0000H
          AJMP    MAIN
          ORG     0100H
MAIN:
          MOV     SP,#60H
          MOV     R0,#30H
START:
          JB      RXD_, $          ;判断是否有起始位出现
          LCALL DELAY
          MOV     R7,#08H
RXD0:
          MOV     C,RXD_
          RRC     A
          LCALL DELAY
          DJNZ    R7,RXD0          ;接收 8 位数据
          JNB     RXD_, $          ;判断是否有停止位出现
          MOV     @R0,A
          SETB    TXD_             ;P1.0 置高
          CLR     C
          MOV     TXD_,C           ;发起始位
          LCALL DELAY
          MOV     R7,#08H
TXD0:
          RRC     A
          MOV     TXD_,C
          LCALL DELAY
          DJNZ    R7,TXD0          ;发送 8 位数据
          SETB    C
          MOV     TXD_,C
          CALL    DELAY            ;发送停止位
          LJMP    START
DELAY:
          MOV     R6,#095
          DJNZ    R6, $
          RET
          END
```

五、实训步骤

本实训需要用单片机最小应用系统（F1 区）、RS232（G7 区）、"串口调试助手"应用程序。

1. 接通实训装置电源，启动 PC 机。

2. 单片机最小应用系统的 P1.0 接 232 总线串行口的 TXD，P1.1 接 RS232 总线串行口的 RXD。平行九孔串行线插入 232 总线串行口。232 总线串行口电源短路帽打到 VCC 处。

3. 打开"串口调试助手"应用程序，选择下列属性：

波特率——4 800　　　　　数据位——8

奇偶校验——无　　　　　停止位——1

4. 打开 KEIL 软件，新建项目文件，新建源文件，把源文件加入项目文件中，再全部保存。把软件设置为仿真调试状态。

5. 把上面参考程序写入源文件，并保存。

6. 按"F7"键对参考程序进行编译。

7. 编译无误后，打开功能面板的电源开关，打开相关模块的电源。

8. 按仿真器右下角的"reset"键，对仿真器复位，2 s 后单击 ⊕ 开始仿真。

9. 单击 ▤↓ 或按"F5"键全速执行，在"串口调试助手"软件的"发送的数据"区输入一个数据，如"1"，按手动发送，接收区收到相同的数据 1，或者按自动发送，接收区将接收到发送的数据。

10. 按仿真器右下角的"reset"键，对仿真器复位，2 s 后单击 ⊕ 退出仿真。

11. 上述仿真调试过程可以重复进行，效果是一样的。

12. 实训完成后先关闭各功能模块的电源，再关闭功能面板的电源。最后拆下所有接线。

项目二　　RS485 通信接口

一、实训目的

了解在一个 RS–232 通信实训的基础上，利用单片机的 TXD、RXD 口，学习 RS–485 差分串行接口的使用。

二、实训任务

两个单片机系统相连，一个发送数据；另一个接收数据并在串行静态显示模块上累加显示接收到的数据。

三、原理图（见图4—3）

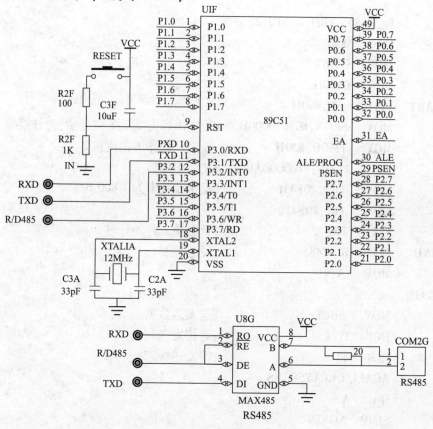

图4—3 原理图

四、流程图及参考程序

1. 流程图（见图4—4）

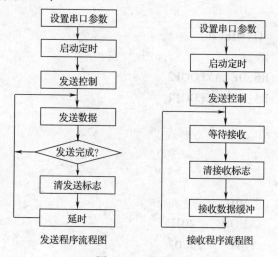

发送程序流程图　　　接收程序流程图

图4—4 流程图

2. 发送程序

```
        R_W485   BIT    P3.2
        ORG    00H
        JMP    START
        ORG    0100H
START： MOV    SP,#60H
        MOV    SCON,#01010000B    ;设定串行方式1:8位异步,允许接收
        MOV    TMOD,#20H          ;设定计数器1为模式2
        ORL    PCON,#10000000B    ;波特率加倍
        MOV    TH1,#0F4H          ;设定波特率为4 800 b/s
        MOV    TL1,#0F4H
        SETB   TR1                ;计数器1开始计时
SEND：  SETB   R_W485             ;发送控制
        MOV    A,#1
AGAIN：
        MOV    SBUF,A             ;送发送数据
        JNB    TI,$               ;等待发送完成
        CLR    TI                 ;清发送标志
        ACALL DELAY500MS
        INC    A
        SJMP   AGAIN
DELAY500MS：
        MOV    R5,#5
DELAYLOOP1：
        MOV    R6,#0FFH
DELAYLOOP2：
        MOV    R7,#0FFH
        DJNZ   R7,$
        DJNZ   R6,DELAYLOOP2
        DJNZ   R5,DELAYLOOP1
        RET
        END
```

3. 接收程序

```
DBUF    EQU    30H
    TEMP    EQU    40H
    DIN     BIT    P1.0
    CLK     BIT    P1.1
```

```
            R_W485    BIT    P3.2
            ORG    00H
            JMP    START
            ORG    0100H
START:   MOV    SP,#60H
         MOV    SCON,#01010000B      ;设定串行方式1:8位异步,允许接收
         MOV    TMOD,#20H            ;设定计数器1为模式2
         ORL    PCON,#10000000B      ;波特率加倍
         MOV    TH1,#0F4H            ;设定波特率为4 800 b/s
         MOV    TL1,#0F4H
         SETB   TR1                  ;计数器1开始计时
         MOV    DBUF+3,#11H          ;高位无显示
         MOV    DBUF+4,#11H
RECEIVE:
         CLR    R_W485               ;发送控制
AGAIN:
         JNB    RI,$                 ;等待接收
         CLR    RI                   ;清接收标志
         MOV    A,SBUF               ;接收数据缓冲
         MOV    B,#100
         DIV    AB
         MOV    35H,A
         MOV    A,B
         MOV    B,#10
         DIV    AB
         MOV    36H,A
         MOV    A,B
         MOV    37H,A
         MOV 30H,#11H
         MOV 31H,#11H
         MOV 32H,#11H
         MOV 33H,#11H
         MOV 34H,#11H
         ACALL DISPLAY
         SJMP   AGAIN
DISPLAY:
         MOV    R0,#DBUF
         MOV    R1,#TEMP
         MOV    R2,#8
```

```
DP10：  MOV     DPTR,#SEGTAB
        MOV     A,@R0
        MOVC    A,@A + DPTR
        MOV     @R1,A
        INCR0
        INCR1
        DJNZ    R2,DP10
        MOV     R0,#TEMP
        MOV     R1,#8
DP12：  MOV     R2,#8
        MOV     A,@ R0
DP13：  RLC     A
        MOV     DIN,C
        CLR     CLK
        SETB    CLK
        DJNZ    R2,DP13
        INCR0
        DJNZ    R1,DP12
        RET
SEGTAB:DB   3FH,6,5BH,4FH,66H,6DH ;0,1,2,3,4,5
       DB   7DH,7,7FH,6FH,77H,7CH ;6,7,8,9,A,B
       DB   58H,5EH,79H,71H,0,00H ;C,D,E,F,-
       END
```

五、实训步骤

深刻理解 MAX485（75176）芯片的作用，学会在单片机的串行口上使用 RS – 485。本实训需要用单片机最小应用系统（F1 区）、RS485（G8 区）和串行静态显示（I3 区）。

1. 接通实训装置电源，启动 PC 机。

2. 甲（发送机），乙机（接收机）的最小系统中的 RXD、TXD、INT0 分别接 RS485 单元的 RXD、TXD、R/D485；RS485 的电源短路帽 J6G 打在 VCC 处，两台箱子 COM2G 的 A—A，B—B 用导线相连。

3. 乙机（接收机）的单片机最小应用系统 P1.0、P1.1 分别接乙机串行静态显示的 DIN、CLK 口。

4. 打开 KEIL 软件，新建项目文件，新建源文件，把源文件加入项目文件中，再全部保存。把软件设置为仿真调试状态。

5. 把上面参考程序写入源文件，并保存。

6. 按 "F7" 键对参考程序进行编译。

7. 编译无误后，打开功能面板的电源开关，打开相关模块的电源。

8. 按仿真器右下角的"reset"键，对仿真器复位，2 s 后单击 开始仿真。

9. 单击 📋 或按"F5"键全速执行，观察乙机接收的数据变化（对接收的数据累加显示）。

10. 按仿真器右下角的"reset"键，对仿真器复位，2 s 后单击 退出仿真。

11. 上述仿真调试过程可以重复进行，效果是一样的。

12. 实训完成后先关闭各功能模块的电源，再关闭功能面板的电源。最后拆下所有接线。

项目三 直流电动机控制实训

一、实训目的

1. 了解脉宽调制（PWM）的原理。
2. 学习用 PWM 输出模拟量驱动直流电动机。
3. 熟悉 51 系列单片机的延时程序。

二、实训任务

用单片机实现对直流电动机的控制，电动机转速可通过修改程序来设定。

三、原理图（见图 4—5）

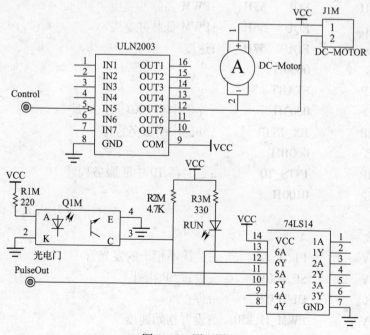

图 4—5 原理图

四、流程图及参考程序

1. 流程图（见图4—6）

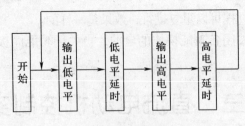

图4—6　流程图

2. 参考程序

```
DIN         BIT   P1.0
CLK         BIT   P1.1
OUTPUT      BIT   P1.7      ;PWM 输出
LEDDBUF     EQU   30H
LEDTEMP     EQU   40H
COUNT       EQU   50H       ;计数值
INT_L       EQU   51H       ;中断计数缓冲单元低地址
COUNT_TIME  EQU   52H       ;时间中断数
TTM         EQU   5         ;软件计数值17MS*5 = 85 ms
PWM_H       EQU   55H       ;PWM 高脉冲宽度
PWM_L       EQU   56H       ;PWM 低脉冲宽度
SPEED       EQU   57H       ;速度
    ORG         0000H
    LJMP        START
    ORG         0003H          ;外部中断 EX0 入口地址
    LJMP        EX_INT0        ;外部中断服务程序
    ORG         000BH
    LJMP        INTS_T0        ;定时器 T0 中断服务程序
    ORG         0100H
START:
    CLR         A
    MOV         P1,A           ;关闭不相干的发光管
    MOV         SP,#60H        ;设置 SP 指针
    CLR         OUTPUT         ;停止
    MOV         PWM_H,#50      ;设置初始速度
    MOV         PWM_L,#50
```

```
        MOV      SPEED,#30             ;设置运行速度 30 r/min
        MOV      INT_L,#00H
        MOV      COUNT,#00H
        MOV      COUNT_TIME,#TTM
        MOV      TMOD,#01H             ;T0 定时器
        MOV      TL0,#98H              ;50MS（65536 - 17000*12/12 = BD98）
        MOV      TH0,#0BDH
        MOV      COUNT_TIME,#TTM
        SETB     TR0                   ;开始定时操作
        SETB     ET0                   ;允许定时中断
        CLR      C                     ;清进位标志
        SETB     IT0                   ;设置中断触发方式:脉冲触发
        SETB     EX0                   ;允许外部中断 EX0 中断
        SETB     EA                    ;总的中断允许
MLOOP:
        LCALL    HB2                   ;十六进制整数转换成 BCD 码整数
        LCALL    DRIVE                 ;驱动输出
        LCALL    TODISP                ;BCD 码整数拆开两个字节
        LCALL    DRIVE                 ;驱动输出
        LCALL    DRIVE                 ;驱动输出
        LJMP     MLOOP
INTS_T0:    ;定时器 T0 中断服务程序
        PUSH     ACC
        CLR      TR0
        DJNZ     COUNT_TIME,BACK       ;软件计数,次数不到返回
        MOV      COUNT_TIME,#TTM
        MOV      INT_L,COUNT           ;刷新显示部分
        LCALL    DISPLAY               ;显示
        MOV LEDDBUF + 7,#10H
        MOV LEDDBUF + 6,#10H
        MOV      COUNT,#00H
        MOV      A,INT_L
        CJNE     A,SPEED,SHIFT
        SJMP     BACK
SHIFT:
        JC       SHIFT1
        INC      PWM_L                 ;SPEED < INT_L
        DEC      PWM_H
        SJMP     BACK
```

```
SHIFT1:               ;SPEED > INT_L
        INC     PWM_H
        DEC     PWM_L
BACK:   POP     ACC
        MOV     TMOD,#01H          ;T0 定时器
        MOV     TL0,#98H           ;重新赋初值 50 ms
        MOV     TH0,#0BDH
        SETB    TR0                ;重新开始定时操作
        RETI


EX_INT0:    ;外部中断服务程序
        INC     COUNT              ;将中断缓冲区低地址加 1
        MOV     A,COUNT            ;判断是否有进位
        RETI                       ;中断返回


DRIVE:                             ;PWM 驱动输出
        SETB    OUTPUT
        MOV     R0,PWM_H
        LCALL   DELAY
        CLR     OUTPUT
        MOV     R0,PWM_L
        LCALL   DELAY
        RET
DISPLAY:
        MOV     R0,#LEDDBUF
        MOV     R1,#LEDTEMP
        MOV     R2,#8
DP10:   MOV     DPTR,#SEGTAB
        MOV     A,@R0
        MOVC    A,@A + DPTR
        MOV     @R1,A
        INC     R0
        INC     R1
        DJNZ    R2,DP10
        MOV     R0,#LEDTEMP
        MOV     R1,#8
DP12:   MOV     R2,#8
        MOV     A,@R0
DP13:RLC        A
```

```
          MOV     DIN,C
          CLR     CLK
          SETB    CLK
          DJNZ    R2, DP13
          INC     R0
          DJNZ    R1, DP12
          RET
SEGTAB:   DB 3FH,06H,5BH,4FH,66H,6DH
          DB 7DH,07H,7FH,6FH,77H,7CH
          DB 39H,5EH,7BH,71H,00H,40H
```

;功能：　双字节十六进制整数转换成双字节 BCD 码整数
;入口条件：　待转换的双字节十六进制整数在 R6、R7 中
;出口信息：　转换后的三字节 BCD 码整数在 R3、R4、R5 中

```
HB2:      MOV  R6,#0
MOV       R7,INT_L
          CLR  A       ;BCD 码初始化
          MOV  R3,A
          MOV  R4,A
          MOV  R5,A
          MOV  R2,#10H    ;转换双字节十六进制整数
HB3:      MOV  A,R7       ;从高端移出待转换数的一位到 CY 中
          RLC  A
          MOV  R7,A
          MOV  A,R6
          RLC  A
          MOV  R6,A
          MOV  A,R5       ;BCD 码带进位自身相加,相当于乘2
          ADDC A,R5
          DA   A          ;十进制调整
          MOV  R5,A
          MOV  A,R4
          ADDC A,R4
          DA   A
          MOV  R4,A
          MOV  A,R3
          ADDC A,R3
          MOV  R3,A       ;双字节十六进制数的万位数不超过6,不用调整
          DJNZ R2,HB3     ;处理完 16BIT
```

```
        RET
TODISP: MOV   R0,#LEDDBUF
        MOV   A,R3
        MOV   B,A
        MOV   @R0,#10H
        INC   R0
        MOV   @R0,#10H
        INC   R0
        MOV   @R0,#10H
        INC   R0
        MOV   @R0,#10H
        INC   R0
        MOV   A,R5
        MOV   B,A
        SWAP  A
        ANL   A,#0FH
        XCH   A,@R0
        INC   R0
        MOV   A,B
        ANL   A,#0FH
        XCH   A,@R0
        RET
DELAY:
        MOV   R1,#0
DLOOP:
        DJNZ  R1,DLOOP
        DJNZ  R0,DELAY
        RET
        END
```

五、实训步骤

本实训需要用到单片机最小应用系统（F1 区）、串行静态显示（I3 区）和直流电机驱动模块（M1 区）。

1. 接通实训装置电源，启动 PC 机。

2. 单片机最小应用系统的 P1.7 接直流电机驱动模块的 PWM 输入口 CONTROL，最小系统的 INT0 接直流电机驱动模块 PULSEOUT，最小系统的 P1.0、P1.1 接串行静态显示的 DIN、CLK。

3. 打开 KEIL 软件，新建项目文件，新建源文件，把源文件加入项目文件中，再全部保存。把软件设置为仿真调试状态。

4. 把上面参考程序写入源文件，并保存。

5. 按"F7"键对参考程序进行编译。

6. 编译无误后，打开功能面板的电源开关，打开相关模块的电源。

7. 按仿真器右下角的"reset"键，对仿真器复位，2 s 后单击 ⊕ 开始仿真。

8. 单击 ▤↓ 或按"F5"键全速执行，观察直流电机转速，一段时间后稳定在程序设定的值 30 r/s 左右。

9. 按仿真器右下角的"reset"键，对仿真器复位，2 s 后单击 ⊕ 退出仿真。

10. 上述仿真调试过程可以重复进行，效果是一样的。

11. 实训完成后先关闭各功能模块的电源，再关闭功能面板的电源。最后拆下所有接线。

项目四 步进电动机控制实训

一、实训目的

1. 了解步进电动机控制的基本原理。
2. 掌握控制步进电动机转动的编程方法。
3. 了解单片机控制外部设备的常用电路。

二、实训任务

用单片机实现对步进电动机的控制，可实现步进电动机的正转、反转、停止等动作。

三、原理图（见图4—7）

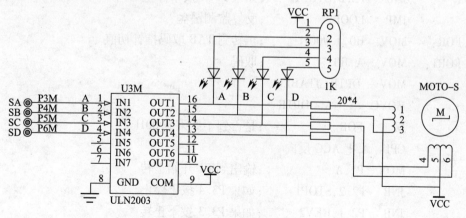

图 4—7 原理图

四、流程图及参考程序

1. 流程图（见图4—8）

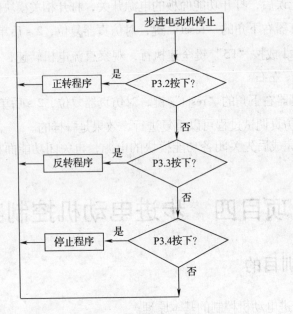

图4—8　流程图

2. 参考程序

```
ORG    0000H
STOP:   ORL   P1,#0FFH        ;步进电机停止
LOOP:   JNB   P2.0,FOR2       ;如果 P3.2 按下正转
        JNB   P2.1,REV2       ;如果 P3.3 按下反转
        JNB   P2.2,STOP1      ;如果 P3.4 按下停止
        JMP   LOOP            ;反复监测键盘
FOR:    MOV   R0, #00H        ;正转到 TAB 取码指针初值
FOR1:   MOV   A,R0            ;取码
        MOV   DPTR,#TABLE     ;
        MOVC  A,@A + DPTR
        JZ    FOR             ;是否到了结束码 00H
        CPL   A;把 ACC 反向
        MOV   P1,A            ;输出到 P1 开始正转
        JNB   P2.2,STOP1      ;如果 P3.4 按下停止
        JNB   P2.1,REV2       ;如果 P3.3 按下正转
        JNB   P2.0,FOR2       ;如果 P3.2 按下反转
```

```
        CALL   DELAY          ;转动的速度
        INC    R0             ;取下一个码
        JMP    FOR1           ;继续正转
REV：   MOV    R0,#05H        ;反转到 TAB 取码指针初值
REV1：  MOV    A,R0
        MOV    DPTR,#TABLE    ;取码
        MOVC   A,@A+DPTR
        JZ     REV            ;是否到了结束码 00H
        CPL    A              ;把 ACC 反向
        MOV    P1,A           ;输出到 P1 开始反转
        JNB    P2.2,STOP1     ;如果 P3.4 按下停止
        JNB    P2.1,REV2      ;如果 P3.3 按下正转
        JNB    P2.0,FOR2      ;如果 P3.2 按下反转
        CALL   DELAY          ;转动的速度
        INC    R0             ;取下一个码
        JMP    REV1           ;继续反转
STOP1： CALL   DELAY          ;按 P3.4 的消除抖动
        JNB    P2.2, $        ;P3.4 是否放开
        CALL   DELAY          ;放开消除抖动
        JMP    STOP
FOR2：  CALL   DELAY          ;按 P3.2 的消除抖动
        JNB    P2.0, $        ;P3.2 是否放开
        CALL   DELAY          ;放开消除抖动
        JMP    FOR
REV2：  CALL   DELAY          ;按 P3.3 的消除抖动
        JNB    P2.1, $        ;P3.3 是否放开
        CALL   DELAY          ;放开消除抖动
        JMP    REV
DELAY： MOV    R1,#150        ;步进电动机的转速 20 ms
D1：    MOV    R2,#248
        DJNZ   R2, $
        DJNZ   R1,D1
        RET
TABLE：
        DB 01H,02H,04H,08H    ;正转表
        DB 00                 ;正转结束
        DB 01H,08H,04H,02H    ;反转
        DB 00                 ;反转结束
        END
```

五、实训步骤

本实训需要用到单片机最小应用系统（F1 区）、步进电动机模块（M2 区）和查询式键盘（B2 区）。

1. 接通实训装置电源，启动 PC 机。
2. 单片机最小应用系统的 P1.0、P1.1、P1.2、P1.3 口分别接步进电动机模块的 A、B、C、D。最小系统的 P2.0、P2.1、P2.2 分别对应的接查询式键盘的 K0、K1、K2 键。打开相关模块的电源开关。
3. 打开 KEIL 软件，新建项目文件，新建源文件，把源文件加入项目文件中，再全部保存。把软件设置为仿真调试状态。
4. 把上面参考程序写入源文件，并保存。
5. 按"F7"键对参考程序进行编译。
6. 编译无误后，打开功能面板的电源开关，打开相关模块的电源。
7. 按仿真器右下角的"reset"键，对仿真器复位，2 s 后单击 🔍 开始仿真。
8. 单击 📑 或按"F5"键全速执行，按下 K0 键电动机正转，K1 反转，K2 电动机停止。
9. 按仿真器右下角的"reset"键，对仿真器复位，2 s 后单击 🔍 退出仿真。
10. 上述仿真调试过程可以重复进行，效果是一样的。
11. 实训完成后先关闭各功能模块的电源，再关闭功能面板的电源。最后拆下所有接线。

项目五 电子琴模拟实训

一、实训目的

1. 了解单片机系统发声原理。
2. 进一步熟悉定时器编程方法。

二、实训任务

用单片机系统模拟电子琴，按下 0~6 号按键，扬声器发出相应的音调。

三、原理图（见图4—9）

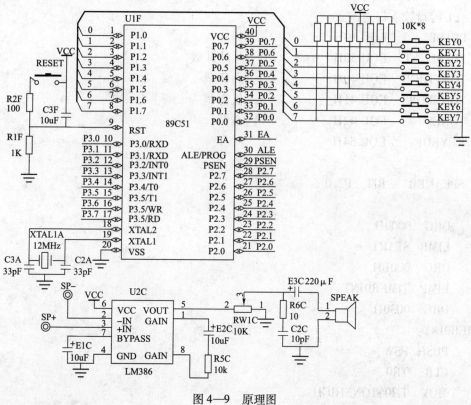

图4—9　原理图

四、流程图及参考程序

1. 流程图（见图4—10）

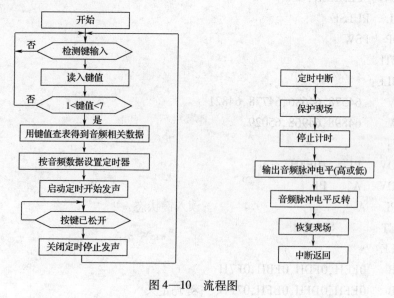

图4—10　流程图

2. 参考程序

```
;P1 键盘读入口查询式
PULSE       EQU 10H              ;脉冲
PULSECNT    EQU 50H              ;脉冲计数
TONEHIGH    EQU 40H              ;高音调
TONELOW     EQU 41H              ;低音调
TONE        EQU 42H              ;音调
KEYBUF      EQU 54H


SPEAKER     BIT  P2.0


    ORG  0000H
    LJMP START
    ORG  000BH
    LJMP TIMER0INT
    ORG  0030H
TIMER0INT:                       ;定时中断
    PUSH PSW
    CLR  TR0
    MOV  TH0,TONEHIGH
    MOV  TL0,TONELOW
    SETB TR0
    MOV  C,PULSE
    MOV  SPEAKER,C
    CPL  PULSE
    POP  PSW
    RETI
TONETABLE:
    DW   64578,64686,64778,64821
    DW   64898,64968,65029
TESTKEY:
    MOV  P1,  #0FFH
    MOV  A,   P1
    CPL  A                       ;读入键状态
    RET
KEYTABLE:
    DB   0FEH,0FDH,0FBH,0F7H
    DB   0EFH,0DFH,0BFH,07FH     ;键码定义
```

```
GETKEY:
        MOV         R6,#10
        ACALL       DELAY
        MOV         A,P1
        CJNE        A,#0FFH,K01        ;确有键按下
        LJMP        MLOOP
K01:    MOV         R3,#8              ;8 个键
        MOV         R2,#0              ;键码
        MOV         B,A                ;暂存键值
        MOV         DPTR,#KEYTABLE
K02:    MOV         A,R2
        MOVC        A,@A + DPTR        ;从键值表中取键值
        CJNE        A,B,K04            ;键值比较
        MOV         A,R2               ;得键码
        INC         A
        RET
K04:    INC         R2                 ;不相等,继续访问键值表
        DJNZ        R3,K02
        MOV         A,#0FFH            ;键值不在键值表中,即多键同时按下
        LJMP        MLOOP
DELAY:                                 ;延时子程序
        MOV         R7,#0
DELAYLOOP:
        DJNZ        R7,DELAYLOOP
        DJNZ        R6,DELAY
        RET
        ;#######################
START:
        MOV         SP,#70H
        MOV         TMOD,#01           ;TIMER
        MOV         IE,#82H            ;EA = 1,IT0  = 1
        MOV         TONE,#0
MLOOP:
        CALL        TESTKEY
        JZ          MLOOP
        CALL        GETKEY
        MOV         B,A
        JZ          MLOOP
        ANL         A,#8               ; = 0, < 1
```

```
        JNZ        MLOOP                ; > 8
        DEC        B
        MOV        A , B
        RL         A                    ; A = A*2
        MOV        B , A
        MOV        DPTR , #TONETABLE
        MOVC       A , @A + DPTR
        MOV        TONEHIGH , A
        MOV        TH0 , A
        MOV        A , B
        INC        A
        MOVC       A , @A + DPTR
        MOV        TONELOW , A
        MOV        TL0 , A
        SETB       TR0
        MOV        P1 , #0FFH
WAIT :
        MOV        A , P1
        CJNE       A , #0FFH , WAIT
        MOV        R6 , #10
        ACALL      DELAY
        CLR        TR0
        LJMP       MLOOP
        END
```

五、实训步骤

利用实验仪上提供的键盘，使数字键 1、2、3、4、5、6、7 作为电子琴按键，按下即发出相应的音调。用 P2. 0 口发出音频脉冲，驱动喇叭。本实验需要用到单片机最小应用系统（F1 区）、查询式键盘（B2 区）和音频驱动模块（C2 区）。

1. 接通实训装置电源，启动 PC 机。

2. 单片机最小应用系统的 P1 口 JD1F 接查询式键盘 JD2B，单片机 P2. 0 口接音频驱动的 SP + ，SP - 接 GND。

3. 打开 KEIL 软件，新建项目文件，新建源文件，把源文件加入项目文件中，再全部保存。把软件设置为仿真调试状态。

4. 把上面参考程序写入源文件，并保存。

5. 按 "F7" 键对参考程序进行编译。

6. 编译无误后，打开功能面板的电源开关，打开相关模块的电源。

7. 按仿真器右下角的 "reset" 键，对仿真器复位，2 s 后单击 🔍 开始仿真。

8．单击 ⬛↓ 或按"F5"键全速执行，按查询式键盘的 K0 ~ K6 键，扬声器发出高低不同的声音。

9．按仿真器右下角的"reset"键，对仿真器复位，2 s 后单击 ⊕ 退出仿真。

10．上述仿真调试过程可以重复进行，效果是一样的。

11．实训完成后先关闭各功能模块的电源，再关闭功能面板的电源。最后拆下所有接线。